ATLAS OF THE ORCHIDS IN FUJIAN PROVINCE

福建省兰科植物图鉴

福建省林业局　福建师范大学　主编

海峡出版发行集团
THE STRAITS PUBLISHING & DISTRIBUTING GROUP

福建科学技术出版社
FUJIAN SCIENCE & TECHNOLOGY PUBLISHING HOUSE

图书在版编目（CIP）数据

福建省兰科植物图鉴 / 福建省林业局，福建师范大学
主编.—福州：福建科学技术出版社，2022.12
　　ISBN 978-7-5335-6920-4

　　Ⅰ.①福… Ⅱ.①福… ②福… Ⅲ.①兰科－野生植物－
福建－图集 Ⅳ.①Q949.71-64

中国国家版本馆CIP数据核字（2023）第019963号

书　　名	福建省兰科植物图鉴
主　　编	福建省林业局　福建师范大学
出版发行	福建科学技术出版社
社　　址	福州市东水路76号（邮编350001）
网　　址	www.fjstp.com
经　　销	福建新华发行（集团）有限责任公司
印　　刷	福州报业鸿升印刷有限责任公司
开　　本	889毫米×1194毫米　1/16
印　　张	14
字　　数	357千字
版　　次	2022年12月第1版
印　　次	2022年12月第1次印刷
书　　号	ISBN 978-7-5335-6920-4
定　　价	260.00元

书中如有印装质量问题，可直接向本社调换

《福建省兰科植物图鉴》编委会

主 编 单 位： 福建省林业局

福建师范大学

主　　　编： 王智桢

副 主 编： 王宜美

执 行 主 编： 陈炳华（福建师范大学）

执行副主编： 胡明芳　林建丽　黄　骐

编 写 人 员： 赖文胜　张　淼　洪媛苹

郭　宁　游剑滢

摄　　　影： 马　良　王晓云　卢瑞祥　兰德庆　朱艺耀

朱志宏　朱鑫鑫　华国军　刘云标　刘　昂

江凤英　安　昌　苏享修　李剑武　吴　双

吴叶青　吴　旺　陈炳华　林青青　林海伦

林裕芳　易思荣　金效华　周欣欣　郑海磊

郭世伟　黄泽豪　黄晓春　黄　毅　程志全

颜国铰　（按姓氏笔画排序）

本书图片除署名外均为陈炳华拍摄

设 计 单 位： 海峡农业杂志社

目录

多枝拟兰

Apostasia ramifera S. C. Chen et K. Y. Lang

拟兰属

形态特征：地生植物。植株高约 13.0cm。根状茎较长。茎近直立，多分枝，近基部具数枚圆筒状的鞘，鞘上方具多枚叶；分枝长 1.0—3.0cm。叶片卵状披针形，长 1.4—2.6cm，宽 0.4—0.8cm，先端延伸成短芒尖；叶柄基部扩大并抱茎，有较为明显的脉。花序从茎和分枝近顶端处发出，外弯，总状，具 3—7 花，花黄色；花苞片卵形，具 3—5 脉；花较小，直径约 5.0mm，黄色；萼片长圆形，展开，先端近短尾状，边缘波状，具 3 脉；花瓣与萼片相似，但略短而宽，中央 1 枚（唇瓣）无明显不同；蕊柱（合生部分）长约 0.5mm，背侧在退化雄蕊下方膨大并具 2 条脊；能育雄蕊花丝长约 0.5mm；退化雄蕊略短于花柱，几乎完全贴生于花柱上；花柱顶端具稍膨大的柱头。花期 5—6 月。

生长环境：生于海拔 1200m 以下的密林下或毛竹林中。

省内分布：尤溪、诏安、仙游、闽侯、福安等地。

省外分布：海南、广东、湖南等地。

日本拟兰

Apostasia nipponica Masam.

拟兰属

形态特征：地生植物。植株高 4.0—6.0cm。根状茎与茎无明显界限。茎直立，不分枝，近基部具 3 枚圆筒状的鞘，鞘上方具 5—7 叶。叶片披针形，长约 1.2cm，宽约 0.6cm，先端延伸成长 1.0mm 的芒尖，基部收狭成短柄；叶柄基部扩大并抱茎，有较明显的脉。花序从茎顶端处发出，外弯，总状，具花 1—3 朵；花苞片卵形，长约 2.5mm，锐尖；花较小，黄色；萼片长圆形，展开，先端近短尾状，长约 4.0mm；花瓣与萼片相似，但略短，中央 1 枚（唇瓣）无明显不同；蕊柱（合生部分）长约 0.8mm；能育雄蕊花药长 2.3mm，花丝长约 0.6mm；退化雄蕊略短于花柱，几乎贴生于花柱上；蕊柱长约 3.6mm。果三棱。花期 6 月。

生长环境：生于海拔约 300m 的常绿阔叶林下。

省内分布：永泰县。

省外分布：未见报道。

三蕊兰

Neuwiedia singapureana (Baker) Rolfe

三蕊兰属

形态特征： 地生植物。植株高 40.0—50.0cm。根状茎长 10.0cm 以上，具节，节上发出支柱状的根。叶多枚，近簇生于茎上；叶片长圆状披针形，长 25.0—40.0cm，宽 3.0—6.0cm；叶柄基部稍扩大而抱茎，背面的脉明显凸出。总状花序长 6.0—8.0cm，具 10 余朵花，有腺毛；花苞片卵状披针形，背面具腺毛，脉上毛尤多；花绿白色，不甚张开；萼片长圆形，先端具芒尖，背面上部有腺毛；花瓣倒卵形，背面中脉上具腺毛；唇瓣与花瓣相似，但中脉较粗厚；蕊柱近直立，其中花丝与花柱合生部分长约 8.0mm；侧生雄蕊花丝扁平，有中脉；中央雄蕊花丝较窄而长；花柱长约 7.0mm。果实椭圆形。花期 5—6 月。

生长环境： 生于海拔约 500m 的林下阴湿处。

省内分布： 南靖县。

省外分布： 海南、云南、香港等地。

朱兰

Pogonia japonica Rchb.

朱兰属

形态特征：地生植物。根状茎短小。茎直立，纤细。叶1枚，生于茎中部或中部以上，长圆状披针形，基部收狭，抱茎。花单朵顶生，淡紫红色；萼片狭长圆状倒披针形，花瓣与萼片近等长，较宽；唇瓣3裂，近狭长圆形，基部至中裂片上有2—3条纵褶片，在中裂片上变为鸡冠状突起；中裂片边缘具流苏状齿缺；侧裂片顶端具少数齿；蕊柱长约1.0cm，上部具狭翅。花期5—6月。

生长环境：生于山坡林下或草丛中阴湿处。

省内分布：建瓯、屏南等地。

省外分布：安徽、广西、贵州、黑龙江、湖北、湖南、江西、吉林、内蒙古、山东、四川、云南、浙江等地。

苏享修／摄

小朱兰

Pogonia minor (Makino) Makino

朱兰属

形态特征： 地生植物。植株高约 13.0cm。根状茎近圆柱状。茎纤细，近基部具 1 枚近圆筒状鞘。叶 1 枚，生于茎中上部，倒披针状狭长圆形，长 3.0—7.0cm，宽 4.0—12.0mm。花单朵顶生，白色或淡黄色，有时稍带紫红色；萼片狭倒披针形，花瓣与萼片相似，近等长，略宽；唇瓣 3 裂，倒披针形，基部有 3 条褶片延伸至中裂片上，但在中裂片上则变为 3 列丝状或流苏状毛；中裂片长圆形，边缘有不规则齿缺或多少流苏状，侧裂片短，蕊柱细长。花期 6 月。

生长环境： 生于海拔 800m 以上山坡灌丛中或草地。

省内分布： 建宁、仙游、闽侯、晋安、柘荣、周宁等地。

省外分布： 台湾省。

深圳香荚兰

Vanilla shenzhenica Z.J. Liu & S. C. Chen

香荚兰属

形态特征： 草质攀援藤本。茎长 1.0—8.0m，具分枝，节间长 5.0—10.0cm，散生多数叶。叶深绿色，肉质，椭圆形，长 13.0—20.0cm，宽 5.5—9.5cm，基部收狭，先端渐尖。总状花序从叶腋中抽出，长 3.0—5.0cm，水平伸展，常具 4 花；花苞片大，卵圆形，肉质；花不完全开放，淡黄绿色；唇瓣紫红色，具白色附属物，不具香味；中萼片近卵状披针形，凹陷，先端浑圆并内弯，侧萼片椭圆形，凹陷，先端急尖；花瓣椭圆形，先端渐尖，中肋成龙骨状突起；唇瓣筒状，展开成椭圆形，近基部 3/4 长度与合蕊柱贴生，边缘强烈波状，唇盘中上部具一枚倒生的由白色细流苏组成的簇状附属物及 3—5 列细角状附属物，2 条纵褶片由唇盘基部延伸至流苏状的附属物；花粉团 4 个，粒粉状。花期 2—3 月。

生长环境： 生于海拔约 350m 阴湿的林中树上或溪旁岩石上。

省内分布： 南靖、安溪等地。

省外分布： 广东省。

保护级别： 国家二级保护野生植物。

毛萼山珊瑚 别名：假天麻、鬼天麻等

Galeola lindleyana (Hook. f. et Thoms.) Rchb. F.

山珊瑚属

形态特征： 菌类寄生植物。植株半灌木状，高 1.0—3.0m。根状茎粗厚。茎直立，红褐色，多少被毛，节上具宽卵形鳞片。圆锥花序顶生和侧生，侧生总状花序较短，长 2.0—5.0cm，具数朵至 10 余朵花；总状花序基部的不育苞片卵状披针形，长 1.5—2.5cm；花苞片卵形，背面密被锈色短茸毛；花梗和子房长 1.5—2.0cm，常多少弯曲，密被锈色短茸毛；花黄色，开放后直径可达 3.5cm；萼片卵状椭圆形，背面密被锈色短茸毛并具龙骨状突起；侧萼片较长；花瓣宽卵形至近圆形，略短于中萼片；唇瓣凹陷成杯状，近半球形，不裂，直径约 1.3cm，边缘具短流苏，内面被乳突状毛，近基部处有 1 个平滑的胼胝体；蕊柱棒状，药帽上有乳突状小刺。果实近长圆形，外形似厚的荚果，淡棕色，长 8.0—12.0cm，宽 1.7—2.4cm。种子周围有宽翅。花期 5—8 月，果期 9—10 月。

生长环境： 生于海拔 740—2100m 的疏林下，稀疏灌丛中，沟谷边腐殖质丰富、湿润或多石处。

省内分布： 武夷山国家公园、蕉城区。

省外分布： 陕西、安徽、河南、湖南、广东、广西、四川、贵州、云南、西藏等地。

朱鑫鑫／摄

朱鑫鑫／摄

朱鑫鑫／摄

盂兰

Lecanorchis japonica Bl.

盂兰属

形态特征：菌类寄生植物。植株高达 33.0cm。根状茎肉质，粗 0.5—0.6cm。茎纤细，带白色，但果期变为黑色，中下部具 4 枚圆筒状抱茎的鞘；鞘膜质，圆筒状，抱茎，长 4.0—5.0cm。总状花序顶生，具 3—7 朵花；花苞片卵形至卵状披针形，较花梗连子房的长度短；萼片倒披针形，花瓣与萼片相似；唇瓣 3 裂，唇盘上疏被长柔毛，在靠近中裂片基部处毛较密，基部有爪，爪的边缘与蕊柱合生成长 3.5—4.0mm 的管；中裂片宽椭圆形，边缘皱波状并有缺刻，上面疏被长柔毛；侧裂片半卵形；蕊柱长约 7.0mm，顶端略扩大。蒴果直立，圆筒形。花期 5—7 月。

生长环境：生于海拔 850—1000m 的林下。

省内分布：武夷山、浦城等地。

省外分布：湖南、广东、台湾等地。

全唇盂兰

Lecanorchis nigricans Honda

盂兰属

形态特征： 菌类寄生植物。植株高25.0—40.0cm，具坚硬的根状茎。茎直立，常分枝，具数枚鞘。总状花序顶生，具数朵花；花苞片卵圆形，长1.0—2.0mm；花梗和子房长约1.0cm，紫褐色；花淡紫色；副萼很小；萼片狭倒披针形，长1.0—1.6cm，宽1.5—2.5mm，先端急尖，侧萼片略斜歪；花瓣倒披针状线形，与萼片相似；唇瓣不裂，狭倒披针形，不与蕊柱合生，上面多少具毛；蕊柱长约1.0cm。花期6—9月。

生长环境： 生于海拔500—1000m的密林下阴湿地。

省内分布： 邵武、武夷山、永安、上杭、武平、南靖、诏安、仙游、永泰、闽清、晋安等地。

省外分布： 云南、台湾等地。

紫纹兜兰

Paphiopedilum purpuratum (Lindl.) Stein

兜兰属

形态特征： 地生植物。叶 3—8 枚，叶片狭椭圆形，长 7.0—18.0cm，宽 2.3—4.2cm，上面具暗绿色与浅黄绿色相间的网格斑，背面浅绿色。花葶直立，紫色，密被短柔毛；花 1 朵，苞片卵状披针形，围抱子房，背面被柔毛，边缘具长缘毛；花梗连子房密被短柔毛，中萼片卵状心形，边缘外弯并疏生缘毛；合萼片卵状披针形，端渐尖，背面被短柔毛，边缘具缘毛；花瓣近长圆形，上面具疣点，边缘具缘毛；唇瓣倒盔状，基部具宽阔的柄；囊近宽长圆状卵形，囊口极宽阔，两侧各具 1 个直立的耳，两耳前方的边缘不内折，囊底具毛，囊外被小乳突；退化雄蕊肾状半月形，具极微小的乳突状毛。花期 10—12 月。

生长环境： 生于海拔 900m 以下的林下溪边或林缘。

省内分布： 漳浦、云霄、诏安、平和等地。

省外分布： 广东、广西、云南、香港等地。

保护级别： 国家一级保护野生植物。

卢瑞祥／摄

大花斑叶兰

Goodyera biflora (Lindl.) Hook. f.

斑叶兰属

形态特征： 地生植物。植株高 5.0—15.0cm。叶 4—5 枚，卵形或椭圆形，长 2.0—4.0cm，宽 1.0—2.5cm，上面绿色，具白色网状脉纹，背面淡绿色，有时带紫红色。总状花序常具 2 朵花，稀 3 朵，常偏向一侧；花大，长管状，白色或带粉红色；萼片线状披针形，背面被短柔毛，中萼片与花瓣粘合成兜状；花瓣稍斜菱状线形，与萼片近等大，无毛；唇瓣线状披针形，基部凹陷成囊状，内面具多数腺毛，前部舌状。花期 2—7 月。

生长环境： 生于海拔 900m 以上的林下阴湿处。

省内分布： 光泽县。

省外分布： 安徽、甘肃、广东、贵州、河南、湖南、陕西、四川、浙江、西藏、江苏、台湾等地。

易思荣 / 摄

易思荣 / 摄

莲座叶斑叶兰

Goodyera brachystegia Hand.—Mazz.

斑叶兰属

形态特征： 地生植物。植株高 18.0—20.0cm。根状茎较短，茎状，匍匐，具节。茎直立，基部具 5—6 枚集生成莲座状的叶。叶片宽椭圆形或卵形，长 2.4—3.3cm，宽 1.5—2.0cm，绿色，无白色斑纹，先端急尖，基部近圆形，具柄；叶柄下部扩大成抱茎的鞘。花茎直立，被较密的、腺状具节的长柔毛，具 5—7 枚鞘状苞片；总状花序具多数、稍密集、近偏向一侧的花，花苞片披针形，先端渐尖，背面被极稀疏的腺状柔毛，与子房等长；子房圆柱状纺锤形，被棕色腺状柔毛；花小，白色，半张开；萼片背面无毛，先端钝，具 1 脉，中萼片狭卵状长圆形，凹陷，与花瓣粘合成兜状；侧萼片稍斜长圆形；花瓣斜菱状倒披针形，先端钝，具 1 脉，无毛；唇瓣宽卵形，后部凹陷成半球形兜状，内面增厚，无毛，前部长圆形，先端钝，稍反曲；蕊柱极短，花药卵状心形；蕊喙直立，2 裂，裂片披针形，先端渐尖；柱头 1 个，近圆形，位于蕊喙之下。蒴果椭圆形。花期 6 月，果期 8 月。

生长环境： 生于海拔 1200—1800m 的林下或岩壁旁。

省内分布： 政和县。

省外分布： 云南、贵州、四川等地。

多叶斑叶兰

Goodyera foliosa (Lindl.) Benth. ex Clarke

斑叶兰属

形态特征： 地生植物。植株高 15.0—25.0cm。根状茎伸长，匍匐，具节。茎直立，具 4—6 枚叶。叶片卵形至长圆形，偏斜，长 2.5—7.0cm，宽 1.6—2.5cm，绿色。总状花序具 5 至 10 余朵密生而常偏向一侧的花；花中等大，白带粉红色或近白色，半张开；萼片卵状披针形，凹陷，背面被毛；花瓣斜菱形，无毛，与中萼片粘合成兜状；唇瓣基部凹陷成囊状，内面具多数腺毛，前部舌状，先端略反曲；蕊柱长约 3.0mm。花期 7—9 月。

生长环境： 生于海拔 300—1500m 的山坡林下或沟谷阴湿处。

省内分布： 武夷山、永安、宁化、新罗、连城、长汀、漳浦、云霄、诏安、华安、同安、南安、德化、永春、仙游、涵江、永泰、闽侯、晋安、蕉城等地。

省外分布： 广东、广西、四川、浙江、江西、湖南、西藏、云南、台湾等地。

光萼斑叶兰

Goodyera henryi Rolfe

斑叶兰属

形态特征： 地生植物。植株高 10.0—15.0cm。根状茎伸长、茎状、匍匐，具节。茎直立，长 6.0—10.0cm，具 4—6 枚叶。叶常集生于茎的上半部，叶片偏斜的卵形至长圆形，长 2.0—5.0cm，宽 1.6—2.0cm，绿色，先端急尖，基部钝或楔形，具柄。总状花序具 3—9朵花；花苞片披针形，子房圆柱状纺锤形，无毛；花中等大，白色，或略带浅粉红色，半张开；萼片背面无毛，具 1 脉，中萼片长圆形，凹陷，与花瓣粘合成兜状；侧萼片斜卵状长圆形，凹陷；花瓣菱形，先端急尖，基部楔形，具 1 脉，无毛；唇瓣白色，卵状舟形，基部凹陷，囊状，内面具多数腺毛，前部舌状，狭长，几乎不弯曲，先端急尖；蕊柱长 3.0mm。花期 8—9 月。

生长环境： 生于海拔 400—1800m 的林下阴湿处。

省内分布： 德化县。

省外分布： 甘肃、浙江、江西、台湾、湖北、湖南、广东、广西、四川、贵州、云南等地。

程志全 / 摄

程志全 / 摄

程志全 / 摄

高斑叶兰 别名：高宝兰

Goodyera procera (Ker—Gawl.) Hook [*Cionisaccus procera* (Ker Gawl.) M. C. Pace]

斑叶兰属

形态特征： 地生植物。植株高 22.0—80.0cm。根状茎短而粗，具节。茎直立，具 6—8 枚叶。叶长圆形或狭椭圆形，长 7.0—15.0cm，宽 2.0—5.5cm，上面绿色，背面淡绿色。总状花序密生数十朵至更多花；花苞片卵状披针形，具缘毛；子房连花梗稍短于花苞片，被毛；花小，白色带淡绿，不偏向一侧；萼片卵状椭圆形，无毛；中萼片与花瓣粘合成兜状；花瓣与萼片近等长，较狭；唇瓣基部凹陷成囊状，内面具腺毛，前端反卷，唇盘上具 2 枚胼胝体。花期 4—5 月。

生长环境： 生于海拔 250—1500m 的林下、溪谷或山涧旁水湿处。

省内分布： 新罗、云霄、诏安、平和、南靖、长泰、同安、泉港、德化、永泰、闽清、闽侯、罗源、连江、晋安等地。

省外分布： 江西、广东、广西、贵州、海南、四川、西藏、云南、浙江、台湾等地。

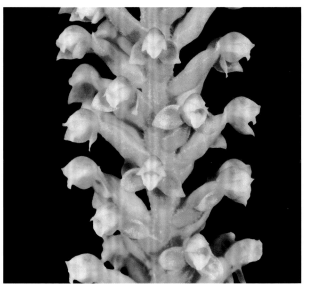

小斑叶兰　别名：高山斑叶兰

Goodyera repens (L.) R. Br.　[*Goodyera marginata* Lindley]

斑叶兰属

形态特征： 地生植物。植株高 10.0—25.0cm。根状茎伸长，匍匐，具节。茎直立，具 5—6 枚叶。叶卵形或卵状椭圆形，长 1.0—2.8cm，宽 0.5—1.5cm，上面深绿色并具白色斑纹，背面淡绿色。花序长 4.0—18.0cm，具数朵至 10 余朵花；花小，白色或粉红色；萼片背面被腺毛；中萼片卵形或卵状长圆形，长 3.0—4.0mm，与花瓣粘合成兜状；侧萼片斜卵形、卵状椭圆形；唇瓣卵形，与中萼片近等长，较宽，基部凹陷成囊状，囊内无毛。花期 7—9 月。

生长环境： 生于海拔 700—2000m 的沟谷林下阴湿处。

省内分布： 武夷山国家公园。

省外分布： 安徽、甘肃、河北、黑龙江、河南、湖北、吉林、辽宁、内蒙古、青海、陕西、山西、四川、西藏、云南、台湾等地。

郑海磊／摄

郑海磊／摄

长苞斑叶兰

Goodyera recurva Lindley

斑叶兰属

形态特征： 地生植物。叶 6—7 枚，卵状椭圆形或狭卵形，长 4.0—5.5cm，宽 1.0—3.0cm，上面绿色，背面淡绿色。总状花序具多数偏向一侧的花；花苞片狭披针形，下部的长于花，背面被毛；花较小，半张开；萼片背面被毛，中萼片卵形，侧萼片斜长圆形；花瓣斜线状长圆形，无毛；唇瓣宽卵形，基部凹陷成囊状，内面无毛，具 5 条粗脉，前部向下弯。花期 9 月。

生长环境： 生于常绿阔叶林内，常生于树干上。

省内分布： 武夷山国家公园。

省外分布： 湖南、云南等地。

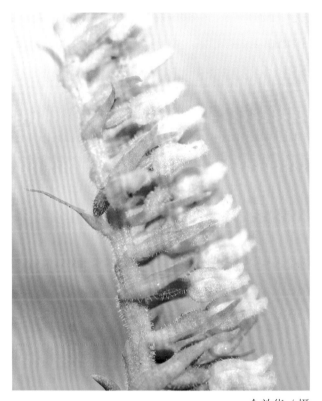

金效华 / 摄

金效华 / 摄

斑叶兰

Goodyera schlechtendaliana H. G. Reichenbach

斑叶兰属

形态特征： 地生兼附生植物。植株高 15.0—35.0cm。根状茎伸长，匍匐，具节。茎直立，具 4—6 枚叶。叶卵形或卵状披针形，长 3.0—8.0cm，宽 0.8—2.5mm，上面绿色，具白色不规则的点状斑纹，背面淡绿色。总状花序具数朵至十余朵花；花白色，直径约 2.0cm，多偏向一侧；萼片背面被柔毛；中萼片狭椭圆状披针形，与花瓣粘合成兜状；侧萼片卵状披针形，花瓣狭椭圆状菱形，唇瓣卵形，基部凹陷成囊状，内面具多数腺毛；蕊柱短。花期 8—10 月。

生长环境： 生于海拔 500—2100m 的山坡或沟谷阔叶林下。

省内分布： 延平、建阳、武夷山、顺昌、浦城、政和、建宁、将乐、新罗、上杭、武平、长汀、连城、华安、德化、仙游、永泰、闽侯、晋安、屏南、福安、柘荣、霞浦等地。

省外分布： 安徽、甘肃、广东、广西、贵州、海南、河南、湖北、湖南、江西、陕西、山西、四川、西藏、云南、浙江、江苏、台湾等地。

歌绿斑叶兰

Goodyera seikoomontana Yamamoto

斑叶兰属

形态特征： 地生植物。植株高 15.0—18.0cm。根状茎伸长，匍匐，具节。茎直立，具 3—4 枚叶。叶稍肉质，椭圆形或长圆状卵形，长 4.0—6.0cm，宽 2.0—2.5cm，绿色，边缘多少具齿状裂。总状花序具 2 朵花；花序柄浅绿色；花苞片披针形，先端渐尖，具缘毛；子房圆柱形，具少数毛；花绿色，张开；中萼片卵形，凹陷，具 3 脉，与花瓣粘合成兜状；侧萼片向后伸展，椭圆形，先端急尖；花瓣偏斜的菱形，先端钝，基部渐狭，具 1 脉；唇瓣卵形，基部凹陷成囊状，内面白色具密的腺毛，背面绿色，具 7—9 对平行脉，前部三角状卵形，强烈向下反卷；蕊柱短。花期 2—3 月。

生长环境： 生于海拔 300—1300m 的林下。

省内分布： 云霄、诏安、南靖、永泰、闽侯等地。

省外分布： 海南、香港、台湾等地。

绒叶斑叶兰

Goodyera velutina Maxim.

斑叶兰属

形态特征: 地生植物。植株高 8.0—16.0cm。根状茎伸长, 匍匐, 具节。茎直立, 具 3—5 枚叶。叶卵形或卵状长圆形, 上面暗紫绿色, 天鹅绒状, 沿中脉具 1 条白色带, 背面紫红色。总状花序具数朵至 10 余朵花; 花小, 粉红色, 偏向一侧; 萼片背面被柔毛; 中萼片与花瓣粘合成兜状; 花瓣斜长圆状菱形, 与萼片近等长, 较狭, 无毛; 唇瓣基部凹陷成囊状, 内面具腺毛。花期 7—8 月。

生长环境: 生于海拔 700—2000m 的密林下或竹林下。

省内分布: 建阳、武夷山、新罗、永安、德化、闽侯等地。

省外分布: 广东、广西、海南、湖北、湖南、四川、云南、浙江、台湾等地。

绿花斑叶兰

Goodyera viridiflora (Blume) Lindley ex D. Dietrich

斑叶兰属

形态特征： 地生植物。植株高 13.0—20.0cm。根状茎伸长，匍匐，具节。茎直立，具 2—3 枚叶。叶质地薄，偏斜的卵形、卵状披针形，全缘，长 2.0—3.5cm，宽约 2.0cm，绿色。总状花序具 1—3 朵花；花序柄棕红色；花苞片卵状披针形，浅红褐色，具缘毛；子房圆柱形，浅红褐色，上部被短柔毛；花红褐色，张开，无毛；萼片椭圆形，先端浅红褐色；中萼片凹陷，与花瓣粘合成兜状；侧萼片向后伸展；唇瓣基部凹陷成囊状，囊内具密的腺毛，前部舌状，向下呈"之"字形弯曲；蕊柱短；蕊喙 2 裂。花期 8—9 月。

生长环境： 生于海拔 500—1800m 的阔叶林下或毛竹林下。

省内分布： 延平、建瓯、顺昌、尤溪、将乐、永定、武平、长汀、同安、安溪、仙游、永泰、闽清、闽侯、蕉城、福安、屏南、古田、柘荣等地。

省外分布： 广东、海南、江西、云南、台湾等地。

血叶兰

Ludisia discolor (Ker—Gawl.) A. Rich.

血叶兰属

形态特征： 附生植物。植株高 10.0—25.0cm。根状茎伸长，匍匐，具节。茎直立，具 3—4 枚叶。叶卵形或卵状长圆形，长 2.5—7.0cm，宽 2.0—3.0cm，黑绿色或带紫红色且具 3—5 条金黄色有光泽的脉，背面血红色。总状花序顶生，具数朵至 10 余朵花；花序轴被短柔毛；花苞片带淡红色，边缘具细缘毛；子房圆柱形，被短柔毛；花白色，中萼片卵状椭圆形，凹陷成舟状，与较窄的花瓣粘合成兜状；侧萼片斜卵形，与中萼片近等长；唇瓣下部与蕊柱的下半部合生成管，先端扩大成横矩圆形，基部具 2 浅裂的囊状距；距内具 2 枚肉质的胼胝体；蕊柱长约 5.0mm。花期 3—5 月。

生长环境： 生于海拔 200—1300m 的林下阴湿处。

省内分布： 龙海、平和、南靖、华安、同安、安溪、南安、永泰、闽侯、晋安等地。

省外分布： 广东、广西、海南、云南等地。

保护级别： 国家二级保护野生植物。

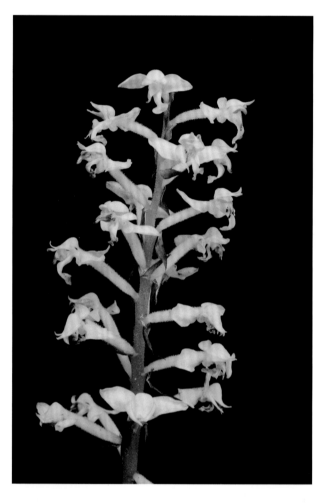

钳唇兰

Erythrodes blumei (Lindl.) Schltr.

钳唇兰属

形态特征：地生植物。茎直立，圆柱形，下部具3—6枚叶。叶片歪卵形，长4.5—10.0cm，宽2.0—6.0cm，暗绿色，具3条主脉明显。花茎被毛，自茎顶叶片间抽出，具3—6枚鞘状苞片；总状花序顶生，具20—30朵花；花小，萼片带红褐色或褐绿色；中萼片长椭圆形，与花瓣粘合成兜状；侧萼片张开，偏斜的椭圆形或卵状椭圆形；花瓣绿褐色，倒披针形，先端钝，中央具1枚透明的脉；唇瓣3裂，基部具距；侧裂片直立而小，中裂反折，宽卵形或三角状卵形，白色；距下垂，近圆筒状，中部稍膨大，末端2浅裂。花期4—5月。

生长环境：生于常绿阔叶林下或毛竹林下。

省内分布：永泰、闽侯等地。

省外分布：广东、广西、云南、台湾等地。

中华叉柱兰

Cheirostylis chinensis Rolfe

叉柱兰属

形态特征：附生植物兼地生。植株高 6.0—20.0cm。根状茎匍匐，具节，毛虫状。茎圆柱形，直立，淡绿色，具 2—4 枚叶。叶片阔卵形，长 1.0—3.0cm，基部近圆形。花葶长约 11.5cm，具 3 枚带红褐色鞘状苞片；总状花序具 4—7 朵花，花苞片长圆状披针形，子房圆柱状纺锤形，被毛；萼片近中部合生成筒状，中萼片外表面近基部被疏毛；花瓣白色贴生与萼筒，唇瓣基部囊状，囊内两侧各具 1 枚梳状、带 6 枚齿且扁平的胼胝体，中部收狭成爪，前部扩大，2 裂，边缘具 5 枚不整齐的齿；蕊柱短；花粉团 2 个。花期 1—3 月。

生长环境：生于海拔 200—800m 的山坡或溪旁林下的潮湿石上覆土中或地上。

省内分布：德化、安溪、仙游、涵江、闽侯、永泰、连江、晋安、蕉城、福安、屏南、周宁等地。

省外分布：广西、贵州、海南、台湾等地。

叉柱兰　别名：德基指柱兰

Cheirostylis clibborndyeri S. Y. Hu & Barretto Chung

叉柱兰属

形态特征： 地生植物。植株高 6.0—21.0cm。根状茎伸长，匍匐，肉质，具 3—6 节，莲藕状，淡绿色。茎短，直立，肉质，具节，具 1—4 枚叶。叶片心形，长 1.8—4.0cm，宽 1.2—2.8cm，先端急尖，基部心形，全缘，肉状纸质，上面暗绿色，背面略淡而带紫色，中肋及侧脉在上面不明显，背面则有短粗毛；花茎顶生，长10.0—15.0cm，粉红色，具柔毛；总状花序具 5—7 朵花，花序轴密生粗毛，鞘状苞片披针形，花苞片卵状披针形，子房连花梗被柔毛；花白色，带粉红色；萼片合生成筒状，先端 3 裂，裂片三角形，先端钝，无毛，带粉红色；花瓣卵形至卵状披针形，白色，先端钝，无毛；唇瓣长圆形，白色，不伸出于萼筒外，先端钝，基部渐狭，无毛；蕊柱短，花粉团具黏盘。花期 3 月。

生长环境： 生于海拔 500—1500m 的山地林下。

省内分布： 安溪县。

省外分布： 云南、台湾等地。

箭药叉柱兰

Cheirostylis monteiroi S. Y. Hu et Barretto

叉柱兰属

形态特征： 地生植物。植株高 9.0—13.0cm。根状茎匍匐，橄榄绿色，肉质，具 4—6 节，呈莲藕状。茎短，直立，具 2—3 枚叶。叶片卵形，长 12.0—16.0mm，宽 8.0—10.0mm，暗绿色，基部近心形，具柄；花茎细长，被毛，上具 3—7 枚鞘状苞片；总状花序具 2—8 朵花；花苞片粉红色，舟状；子房圆柱形，无毛；花小，萼片橄榄绿染粉红色，下部 2/3 处合生成筒状；花瓣白色，偏斜，倒披针形，与中萼片紧贴；唇瓣长达 11.5mm，与蕊柱的基部贴生，基部肉质，边缘内弯，囊状，囊内两侧各具 1 枚白色、2 裂、裂片为角状的胼胝体，中部具短爪，前部扩大，2 裂，裂片边缘各具 5—8 条丝状裂条；蕊柱短，顶部两侧具向前延伸成 1 条狭、渐尖的臂状附属物；花粉团具黏盘；蕊喙向前突出，叉状 2 裂；柱头 2 个。花期 3—5 月。

生长环境： 生于海拔约 500m 的溪旁山坡陡壁林下阴处潮湿的石上或土壤中。

省内分布： 延平、诏安等地。

省外分布： 香港特别行政区。

阿里山全唇兰
Myrmechis drymoglossifolia Hayata

全唇兰属

形态特征： 地生植物。植株高 5.0—6.5cm。根状茎纤细，具节，节上生根。茎斜上，白色带红，具数枚叶。叶卵形或圆状卵形，长 7.0—15.0mm，宽 5.0—10.0mm，上面绿色，边缘略波状，具 3 条主脉；叶柄长 5.0—10.0mm，下部扩大成抱茎的鞘。花茎长达 3.0cm，顶生 1—2 朵花，花序轴纤细，被毛；花白色，不甚张开；萼片披针形，凹陷，舟状，具 1 脉，基部围抱唇瓣，鼓出；花瓣斜歪，狭卵形，上部骤狭，向上弯曲，先端钝，具 1 脉；唇瓣呈"Y"字形，长 10.0—12.0mm，前部扩大成 2 裂，裂片长圆形，叉开，先端钝，中部收狭成管状的爪，基部扩大，凹陷成囊状，囊内具 2 枚肉质、近长方形，其顶部 2 齿状的胼胝体。花期 7—8 月。

生长环境： 生于海拔 1650—1860m 的林下阴湿处或岩石上苔藓丛中。

省内分布： 武夷山国家公园。

省外分布： 浙江、台湾等地。

四腺翻唇兰

Hetaeria biloba (Ridl.) Seidenf. et J. J. Wood

全唇兰属

形态特征：地生植物。植株高 28.0—34.0cm。根状茎伸长，茎状，匍匐，具节。茎直立，具 3—7 枚疏生的叶。叶片卵状披针形，长 3.5 7.0cm，宽 1.1—2.0cm，先端急尖或渐尖，基部钝，上面绿色，具 3 条绿色脉；叶柄长 1.5—2.0cm。花茎直立，被长柔毛，下部具 1—3 枚鞘状苞片；总状花序具 4—9 朵花，长 2.0—4.5cm；花苞片披针形，边缘具缘毛；子房圆柱形、不扭转，被糙硬毛；花白色；萼片背面疏被糙硬毛，具 1 脉，中萼片椭圆形，凹陷，先端急尖，与花瓣粘合成兜状；侧萼片近斜卵形，先端急尖；花瓣线形，先端钝，具 1 脉，无毛；唇瓣位于上方，基部凹陷成浅囊状，其内面具 5 条脉，其中 4 条侧脉近基部处各具 1 枚片状、横长圆形、先端钩曲的胼胝体，中部收狭成爪，前部极扩大并 2 裂，其裂片近圆形，向左右伸展，而两裂片中部稍凹陷。花期 2—3 月。

生长环境：生于海拔 600—1000m 的密林下或路旁疏林下。

省内分布：南靖县。

省外分布：海南、台湾等地。

小片菱兰

Rhomboda abbreviata (Lindley) Ormerod

菱兰属

形态特征： 地生植物。植株高 15.0—30.0cm。茎深绿色，具 3—5 枚叶。叶片卵形或卵状披针形，长 3.0—6.5cm，宽 1.7—2.8cm。总状花序密生花 7—10 余朵；花小，白色或淡红色；中萼片卵形，凹陷成舟状，长 2.5—3.0mm，宽约 1.5mm，与花瓣粘合成兜状；侧萼片偏斜的卵形，较中萼片稍长；花瓣卵状长圆形，先端骤狭成短的尖头；唇瓣近卵形，长约 3.0mm，基部扩大并凹陷成囊状，其内面中央具 2 枚隔膜状纵褶片，在其两侧在囊内近基部处各具 1 枚胼胝体，中部收狭为短爪，先端略扩大成 1 枚四方形的小片；蕊柱短。花期 8—9 月。

生长环境： 生于海拔 300—1200m 的山谷。

省内分布： 新罗、上杭、同安、德化、泉港、永春、安溪、云霄、诏安、平和、南靖、华安、闽侯、永泰等地。

省外分布： 广东、广西、贵州、海南等地。

白花线柱兰

Zeuxine parvifolia (Ridl.) Seidenf.

线柱兰属

形态特征: 地生植物。植株高 15.0—22.0cm。根状茎伸长,具节。茎直立,具 3—5 枚叶。叶片卵形,长 2.0—4.0cm,宽 1.2—2.0cm,花开放时常凋萎,上面茸毛状。花序顶生,长 10.0—20.0cm,具 3—9 朵花,花白色或黄色。花苞片淡红色,卵状披针形;中萼片卵状披针形,侧萼片长圆状卵形,花瓣近倒披针形,偏斜,与中萼片粘合成兜状;唇瓣长,呈 "T" 字形,基部稍带黄色,前部扩大,2 裂,裂片长圆形,前部边缘全缘,水平叉形,中部收狭成边缘全缘的爪,基部扩大成囊状,囊内两侧各具 1 枚钩状的胼胝体。花期 2—4 月。

生长环境: 生于海拔 200—1650m 的林下阴湿处。

省内分布: 云霄、诏安等地。

省外分布: 海南、云南、香港、台湾等地。

线柱兰

Zeuxine strateumatica (L.) Schltr

线柱兰属

形态特征： 地生植物。植株高 4.0—28.0cm。根状茎短。茎直立或近直立，淡棕色。叶数枚，线形至线状披针形，长 2.0—8.0cm，宽 2.0—6.0mm，先端渐尖，无柄。总状花序密生多数花；花苞片卵状披针形，先端长渐尖，无毛；花小，白色至黄色；中萼片狭卵状长圆形，与花瓣粘合成兜状，侧萼片斜长圆形，花瓣斜卵形，与中萼片近等长，较狭；唇瓣基部凹陷成囊状，具 2 枚胼胝体，中部收狭成短爪，前部稍扩大，先端圆钝；蕊柱短。花期 3—4 月。

生长环境： 生于低海拔的沟边或河边潮湿草地。

省内分布： 芗城、云霄、翔安、泉港、惠安、闽清、闽侯、长乐、罗源、连江、仓山、晋安等地。

省外分布： 广东、广西、海南、湖北、四川、云南、台湾等地。

金线兰 别名：金线莲、花叶开唇兰

Anoectochilus roxburghii (Wall.) Lindl.

金线兰属

形态特征：地生植物。植株高 8.0—18.0cm。根状茎伸长，具节，节上生根。茎直立，具 3—4 枚叶。叶卵圆形或卵形，长 1.3—3.5cm，宽 0.8—3.0cm，上面暗紫色，具金黄色网脉，背面淡紫红色；花序顶生，具 2—6 朵花；花序轴淡红色，被短柔毛；花不倒置，白色或淡红色，花苞片卵状披针形；萼片被短柔毛，中萼片卵形，凹陷成舟状，与花瓣粘合成兜状；侧萼片近长圆形，稍长于中萼片；花瓣近镰刀形，与中萼片近等长；唇瓣先端 2 裂，"Y"字形，其裂片近长圆形，长约 12.0mm，中部收狭成爪，其两侧各具 5—6条的流苏状细条；距圆锥状，末端 2 浅裂，内侧在靠近距口处具 2 枚胼胝体。花期 9—11 月。

生长环境：生于海拔 50—1900m 的阴湿常绿阔叶林下或毛竹林下。

省内分布：全省各地，零星分布。

省外分布：广东、广西、海南、湖南、江西、四川、西藏、云南、浙江等地。

保护级别：国家二级保护野生植物。

浙江金线兰

Anoectochilus zhejiangensis Z. Wei et Y. B. Chang

金线兰属

形态特征： 地生植物。植株具叶 2—6 枚。叶宽卵形至卵圆形，长 0.7—2.6cm，宽 0.6—2.1cm，先端急尖，基部圆形，边缘微波状，上面呈鹅绒状绿紫色，具金黄色网脉，背面略带淡紫红色。总状花序具 1—3 朵花，花序轴被柔毛；花不倒置；萼片近等长，长约 5.0mm，背面被柔毛；中萼片卵形，凹陷成舟状，先端急尖，与花瓣粘合成兜状；侧萼片长圆形，稍偏斜；花瓣白色，倒披针形或倒长卵形；唇瓣"Y"字形，先端 2 裂，其裂片斜倒三角形，长约 6.0mm，宽约 5.0mm，中部收狭成爪，其两侧各具 3—4 枚长约 3.0mm 的小齿；距圆锥状，末端 2 浅裂，距内近中部具 2 枚瘤状胼胝体。花期 7—9 月。

生长环境： 生于海拔约 800m 竹林下或沟谷旁林下阴湿处。

省内分布： 建阳、将乐、屏南等地。

省外分布： 广西、浙江等地。

保护级别： 国家二级保护野生植物。

苏享修 / 摄

齿爪齿唇兰

Odontochilus poilanei (Gagnepain) Ormerod

齿唇兰属

形态特征： 菌类寄生植物。植株高 12.0—18.0cm。根粗短，黄白色。茎直立，茎具密集带紫红色的鞘状鳞片。总状花序具数朵至 10 余朵花，长 3.0—7.0cm，花序轴被短柔毛；花不倒置，较大，芳香，萼片和花瓣带紫红色；萼片卵形，背面被短柔毛；中萼片凹陷成舟状，与花瓣粘合成兜状；侧萼片偏斜，较中萼片稍狭；花瓣斜线状披针形，镰状，与中萼片近等长；唇瓣深黄色，先端 2 裂，裂片两面具细乳突，边缘具不整齐齿和在靠近先端中部处各具 1 条细长的流苏裂条，而在裂条之间叉开成深的"V"字形缺口，中部收狭成爪，两侧具凸出、有缺刻状圆齿的边，基部稍扩大且凹陷成囊状，囊内无隔膜，中脉两侧近基部处各具 1 枚胼胝体；蕊柱短，其前面在柱头下方具 2 枚近方形的片状附属物。花期 8 月。

生长环境： 生于海拔 1000—1800m 的常绿阔叶林下阴湿处。

省内分布： 永安市。

省外分布： 西藏、云南等地。

李剑武／摄

李剑武／摄

一柱齿唇兰

Odontochilus tortur King et Pantl.

齿唇兰属

形态特征： 地生植物。植株高 18.0—25.0cm。根状茎伸长，匍匐，肉质，具节，节上生根。茎直立，圆柱形，粗壮，无毛，具 5—6 枚叶。叶片卵状披针形，上面深绿色，长 2.5—8.0cm，宽 2.0—4.5cm，基部圆钝，稍偏斜；叶柄长 2.0—2.5cm，下部扩大成抱茎的鞘。总状花序具多数较密生的花，花序轴被短柔毛，粗壮较短；苞片稍长于子房，子房圆柱形，扭转；花较大，唇瓣位于下方；萼片紫绿色，具褐紫色的斑纹，具 1 脉，中萼片卵形，凹陷，与花瓣粘合成兜状；侧萼片张开，偏斜的长圆形；花瓣绿白色，具褐紫色斑纹，斜歪的半卵形，镰状，无毛，具 1 脉；唇瓣白色，"Y"字形，长达 17.0mm，基部稍扩大并凹陷成近球形的囊，其囊内面近末端具 2 枚肉质胼胝体，中部收狭成爪，其前部两侧各具 4—5 条流苏状的齿，其后部两侧各具 4—5 个波状齿，而背面还具 1 条纵向、细长的脊状龙骨突起，前部明显扩大，宽倒卵形，2 裂，其裂片倒卵形，先端钝，外侧边缘波状，锐角叉开；蕊柱粗短，前面具 2 枚三角状线形的附属物，附属物片状，向上弯曲，先端钝；花药卵状披针形，先端渐尖；蕊喙颇大，倒卵形，直立，2 裂，叉状；柱头 1 个，大，近圆形，位于蕊喙前面基部正中央。花期 7—9 月。

生长环境： 生于海拔 280—1250m 的山坡或沟谷密林下地上或岩石上覆土中。

省内分布： 南靖县。

省外分布： 广西、云南、西藏等地。

香港绶草

Spiranthes hongkongensis S. Y. Hu & Barretto

绶草属

形态特征： 地生植物。叶 3—7 枚，斜立，椭圆形，长 2.0—6.5cm，宽 0.5—1.2cm，先端急尖，基部收狭具柄状抱茎的鞘。总状花序顶生，具多数密生的花，上部具密集腺毛，螺旋状扭转；花序轴长 8.5cm；花白色；花苞片披针形，具稀疏腺毛，先端锐尖；子房绿色，被腺毛；中萼片椭圆形，背面被腺毛，先端钝，与花瓣靠合成兜状；侧萼片狭长椭圆形，偏斜，背面被腺毛，先端钝；花瓣与中萼片近等长，先端钝；唇瓣阔椭圆形，基部有 2 枚明显胼胝体，前部边缘具浅啮蚀状锯齿；蕊柱直立。花期 7 月。

生长环境： 生于海拔 350—600m 林缘的湿润岩石上。

省内分布： 武夷山、武平、德化、永春、闽清、永泰、长乐、晋安等地。

省外分布： 广东、香港等地。

绶草　别名：盘龙参

Spiranthes sinensis (Pers.) Ames

绶草属

形态特征： 地生植物。植株高13.0—30.0cm。根数条，簇生于茎基部，茎较短，具2—5枚叶，近基生。叶宽线形或宽线状披针形，长3.0—10.0cm，宽0.5—1.0cm。总状花序顶生，具多数密生的花；花小，紫红色或粉红色，直径4.0—5.0mm；中萼片狭长圆形，与花瓣靠合成兜状；侧萼片披针形，花瓣与中萼片近等长，唇瓣倒卵状长圆形，前半部边缘具强烈皱波状齿，上面具毛，基部凹陷成浅囊状，囊内具2枚胼胝体；蕊柱短。花期7—8月。

生长环境： 生于海拔20—2100m的林下、草丛、灌木丛或草地湿处。

省内分布： 全省各地习见。

省外分布： 全国各地。

隐柱兰

Cryptostylis arachnites (Blume) Hassk.

隐柱兰属

形态特征：地生植物。植株高 17.0—50.0cm。根状茎粗短，具多条根。根粗厚，肉质，粗。叶 2—3 枚，基生，叶片椭圆状卵形，长 8.5—11.0cm，宽 4.5—5.0cm，上面绿色，光滑，具长柄；叶柄长 6.5—11.5cm，绿色，无斑点。花葶从叶基部抽出，直立，高 15.0—47.0cm，细长，光滑，绿色，具 2 至多枚鞘状苞片，总状花序具 10—20 朵花，长 8.0—10.0cm；花苞片披针形，子房细圆柱形，不扭转，光滑；花较大，萼片线状披针形，黄绿色，边缘内卷，具 3 脉；花瓣线形，黄绿色，具 1 脉；唇瓣位于上方，长椭圆状披针形，大，不裂，背面黄绿色，内面橘红色而具鲜红色斑点，基部圆形且呈浅囊状，内面有细毛；蕊柱粗短，花粉团 4 个，成 2 对，黄色，粒粉质。花期 5—6 月。

生长环境：生于海拔 200—1500m 的山坡常绿阔叶林或竹林下。

省内分布：诏安县。

省外分布：广东、广西、台湾等地。

朱艺耀／摄

指柱兰

Stigmatodactylus sikokianus Maxim. ex Makino

指柱兰属

形态特征： 地生植物。植株矮小。根状茎圆柱形。茎纤细，长 4.0—10.0cm，中部具 1 枚叶，基部有 1 枚小鳞片状鞘。叶三角状卵形，长约 4.0mm，宽约 3.0mm，先端渐尖，具 3 脉。总状花序，具 1—3 朵花；花淡绿色，仅唇瓣淡红紫色；中萼片线形，基部边缘具长缘毛；侧萼片狭线形，较中萼片狭；唇瓣宽卵状圆形，边缘具细齿，基部有附属物；附属物肉质，在中部分裂为上裂片与下裂片，两者先端均为 2 浅裂；蕊柱长约 3.5mm，前方中部有 1 小突起。花期 8—9 月。

生长环境： 生于海拔 1500—1800m 密林下水沟边的阴湿处。

省内分布： 武夷山国家公园。

省外分布： 湖南、云南、台湾等地。

刘昂／摄

刘昂／摄

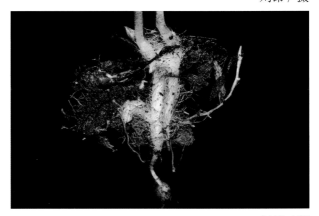

刘昂／摄

二叶兜被兰

Ponerorchis cucullata (L.) X.H.Jin, Schuit. et W.T.Jin   [*Neottianthe cucullata* (L.) Schuit.]

小红门兰属

形态特征：地生植物。植株高 4.0—24.0cm。块茎圆球形。茎直立，其上具 2 枚近对生的叶，叶近平展，卵形、卵状披针形，长 4.0—6.0cm，宽 1.5—3.5cm，基部骤狭成抱茎的短鞘，上面有时具少数或多而密的紫红色斑点。总状花序具几朵至 10 余朵花，常偏向一侧；花苞片披针形，直立伸展；子房圆柱状纺锤形，扭转，无毛；花紫红色；萼片彼此紧密靠合成兜，中萼片先端急尖，具 1 脉；侧萼片斜镰状披针形，具 1 脉；花瓣披针状线形，与萼片贴生；唇瓣向前伸展，长 7.0—9.0mm，上面和边缘具细乳突，基部楔形，中部 3 裂，侧裂片线形，先端急尖，具 1 脉，中裂片较侧裂片长而稍宽，向先端渐狭，端钝，具 3 脉；距细圆筒状圆锥形，长 4.0—5.0mm，中部向前弯曲，近"U"字形。花期 8—9 月。

生长环境：生于海拔 1000—2100m 的山坡林下或草地。

省内分布：武夷山国家公园。

省外分布：黑龙江、吉林、辽宁、内蒙古、河北、山西、陕西、甘肃、青海、安徽、浙江、江西、河南、四川、云南、西藏等地。

无柱兰　别名：细葶无柱兰

Ponerorchis gracile (Bl.) X.H.Jin, Schuit. & W.T.Jin　[*Amitostigma gracile* (Bl.) Schuit.]

小红门兰属

形态特征：地生植物。植株高 7.0—30.0cm。块茎卵形，肉质。茎纤细，光滑，近基部具 1 枚大叶，在叶之上具 1—2 枚苞片状小叶。叶片长圆形或卵状披针形，长 5.0—12cm，宽 1.0—3.5cm。总状花序具 5 朵至 20 余朵花，偏向一侧；子房圆柱形，无毛；花小，粉红色或紫红色；中萼片直立，卵形，凹陷，先端钝；侧萼片斜卵形，花瓣斜椭圆形，具 1 脉；唇瓣较萼片和花瓣大，轮廓为倒卵形，具 5—9 条不隆起的细脉，基部楔形，具距，中部之上 3 裂，侧裂片镰状线形，中裂片较侧裂片大，倒卵状楔形；距纤细，圆筒状，下垂，较子房短，末端钝；蕊柱极短，直立；花粉团卵球形，具花粉团柄和黏盘，黏盘小，椭圆形；蕊喙小，直立，三角形；柱头 2 个，隆起，近棒状，从蕊喙之下伸出。花期 6—7 月，果期 9—10 月。

生长环境：生于海拔 180—2100m 的山坡沟谷边或林下阴湿处覆有土的岩石上或山坡灌丛下。

省内分布：延平、邵武、武夷山、建瓯、光泽、政和、长汀、尤溪、将乐、泰宁、闽侯、晋安、屏南、柘荣等地。

省外分布：辽宁、河北、陕西、山东、江苏、安徽、浙江、河南、湖北、湖南、广西、四川、贵州、台湾等地。

盔萼舌喙兰

Hemipilia galeata Y. Tang, X. X. Zhu & H. Peng

舌喙兰属

形态特征: 地生植物。植株高 5.0—13.0cm。块茎卵球形。茎细长、绿色，具紫色斑点。叶近基生，单生，椭圆形，长 1.5—3.0cm，宽 0.8—2.2cm，正面绿色，常具紫色斑纹。花序有花 1—13 朵，粉红色。子房圆柱形，花苞卵形，中萼片半球形，正面白色具粉红色斑纹；侧萼片平展，1 脉，卵形，偏斜，粉红色；花瓣与中萼片合生并形成一顶盖，近圆形，倾斜，先端钝；唇瓣展开，菱形，基部具距；侧裂片长圆形，粉红色；半裂片不裂，倒卵形，粉红色；花盘白色有粉红色斑纹；距白色，圆柱形，长 5.0—9.5mm，与子房等长，内表面近入口处有紫色斑纹；花药直立，2 室，紫色；2 个花粉块片状，在先端具紫色斑点。花期 4 月。

生长环境: 生于海拔 300—600m 的林下阴湿处覆有土的丹霞岩石上。

省内分布: 邵武、武夷山、永安、泰宁等地。

省外分布: 广东、江西、浙江等地。

南方舌唇兰

Platanthera australis L.Wu, X.L.Yu, H.Z.Tian & J.L.Luo

舌唇兰属

形态特征： 地生植物。植株高 25.0—45.0cm。根系纺锤形，肥厚，长 1.5—5.0cm。茎直立，基部具 1—2 枚筒状鞘。叶 3—5 枚，基部叶子长 6.4—9.5cm，宽 2.1—2.8cm，矩圆形至椭圆形，向上逐渐变小。总状花序长 11.5—23.5cm，疏具 13—30 朵花，花黄绿色；侧萼片反折，斜椭圆形，先端钝；花瓣斜卵形至椭圆形，与侧萼片靠合成兜状；唇瓣基部卵形至披针形，肉质，向上反折，顶端与花瓣靠合；距棒形，长 13.0—18.0mm。花期 5—6 月。

生长环境： 生于海拔 800—1500m 的常绿阔叶林中。

省内分布： 武夷山、永安、柘荣等地。

省外分布： 广东、湖南等地。

福建舌唇兰

Platanthera fujianensis B.H.Chen & X.H.Jin

舌唇兰属

形态特征： 地生植物。植株高 20.0—60.0cm。根系肉质发达，圆柱形。茎直立，灰绿色，无叶。花序长 8.0—10.0cm，疏生 13—18 朵花；花黄绿色，唇瓣黄色；花苞片披针形，长 1.3cm；中萼片直立，宽卵形，舟状；侧萼片反折，矩圆形至椭圆形；花瓣斜卵形；唇瓣舌状至三角形，下垂，长 6.0mm；距长 12.0—18.0mm。花期 8—9 月。

生长环境： 生于海拔约 800m 的常绿阔叶林中。

省内分布： 永春县。

省外分布： 广东、广西、湖南等地。

密花舌唇兰

Platanthera hologlottis Maxim.

舌唇兰属

形态特征：地生植物。植株高 25.0—100.0cm。根状茎指状。茎细长，下部具 4—7 枚大叶，向上渐小成苞片状。叶线状披针形或宽线形，下部叶长 7.0—24.0cm，宽 0.5—3.0cm，基部成短鞘抱茎。总状花序密生 (6)15—60 朵花；花白色，芳香；中萼片卵形或椭圆形，侧萼片椭圆状卵形，反折，偏斜；花瓣斜的卵形，长 4.0—5.0mm，宽 1.5—2.0mm，与中萼片靠合成兜状；唇瓣舌形或舌状披针形，长 6.0—7.0mm，宽 2.5—3.0mm；距圆筒状，下垂，纤细，长 0.9—2.5cm，距口具明显的突起物；蕊柱短。花期 6—7 月。

生长环境：生于海拔 1000m 以上林下或山沟潮湿地。

省内分布：闽侯、屏南等地。

省外分布：安徽、广东、河北、黑龙江、河南、江苏、江西、辽宁、内蒙古、山东、四川、云南、浙江等地。

尾瓣舌唇兰
Platanthera mandarinorum Rchb. f.

舌唇兰属

形态特征： 地生植物。植株高 18.0—45.0cm。根状茎指状或膨大成纺锤形。茎直立，下部具 1 枚大叶，中部至上部着生苞片状小叶。叶长圆形或线状披针形，长 5.0—12.0cm，宽 0.7—3.5cm，基部鞘状抱茎。总状花序疏生数朵至 20 余朵花；花黄绿色；中萼片宽卵形；侧萼片斜长圆状披针形；花瓣镰形，与中萼片近等长，不与中萼片靠合；唇瓣舌状披针形，先端钝；柱头 1 个；距细圆筒状，向后斜伸且有时多少向上举，长 2.0—3.0cm。花期 4—6 月。

生长环境： 生于海拔 1000—1600m 的山坡草地或灌草丛中。

省内分布： 周宁、福安、柘荣等地。

省外分布： 安徽、广东、广西、贵州、河南、湖北、湖南、江苏、江西、山东、四川、云南等地。

小舌唇兰

Platanthera minor (Miq.) Rchb. f.

舌唇兰属

形态特征： 地生植物。植株 20.0—60.0cm。块茎椭圆形。茎直立，下部具 2—3 枚叶，中部至上部着生苞片状小叶。叶片椭圆形、长圆状披针形、卵状椭圆形，长 6.0—20.0cm，宽 1.5—5.0cm，基部鞘状抱茎；总状花序具多数疏生的花；花黄绿色；中萼片宽卵形，凹陷成舟状，与花瓣靠合成兜状；侧萼片斜椭圆形；花瓣斜卵形，与中萼片近等长，较狭；唇瓣舌状，下垂，先端钝；柱头 1 个；距细圆筒状，下垂，弯曲，长约 1.5cm。花期 5—7 月。

生长环境： 生于海拔 250—2000m 路边坡地、沟边、林缘或毛竹林下。

省内分布： 全省各地习见。

省外分布： 安徽、广东、广西、贵州、海南、河南、湖北、湖南、江苏、江西、四川、云南、浙江、台湾等地。

东亚舌唇兰 别名：小花蜻蜓兰

Platanthera ussuriensis (Regel) Maximowicz

舌唇兰属

形态特征： 地生植物。植株高 20.0—55.0cm，基部具 1—2 枚筒状鞘，之上疏生 2—3 枚叶。根状茎指状，水平伸展。茎直立，纤细，下部具 2—3 枚叶，中部至上部着生苞片状小叶。叶狭长圆形或匙形，长 6.0—20.0cm，宽 1.5—3.0cm，基部收狭成抱茎的鞘。总状花序疏生多数花；花小，淡黄绿色；中萼片宽卵形；侧萼片斜椭圆形，较中萼片略长稍狭；花瓣狭长圆状披针形，与中萼片近等长；唇瓣 3 裂；中裂片舌状；侧裂片半圆形；柱头 1 个；距细圆筒状，长约 7.0mm。花期 7—8 月。

生长环境： 生于海拔 400—2100m 的山坡林下、林缘或沟边。

省内分布： 建阳、邵武、武夷山、光泽、建宁、泰宁、永春、闽侯、闽清、福安等地。

省外分布： 安徽、广西、河北、河南、湖北、湖南、江苏、江西、吉林、陕西、四川、浙江等地。

黄山舌唇兰

Platanthera whangshanensis (S.S.Chien) Efimov

舌唇兰属

形态特征： 地生植物。植株高 20.0—40.0cm。根状茎纺锤形。叶 1 枚，狭披针形，长 6.0—16.0cm，宽 1.0—2.5cm，之上具 2—5 枚苞片状小叶。花序具多数偏向一侧的小花，花黄绿色。花苞片狭披针形，中萼片卵形，侧萼片披针形，花瓣披针形，唇瓣菱状披针形，长 5.0mm；距圆锥形，长 10.0—16.0mm，弓曲。花期 7 月。

生长环境： 生于海拔 1600m 以下的沼泽灌草丛中。

省内分布： 政和、永安、德化等地。

省外分布： 安徽省。

叉唇角盘兰

Herminium lanceum (Thunb. ex Sw.) Vuijk

角盘兰属

形态特征：地生植物。植株高 10.0—80.0cm。块茎圆球形或椭圆形。茎直立，中部具 3—4 枚疏生的叶。叶线状披针形或线形，长达 15.0cm，宽 1.0cm，基部收狭或呈抱茎的鞘。总状花序密生多数花；花小，黄绿色或绿色；中萼片卵状长圆形，侧萼片与中萼片近等长；花瓣线形，较萼片稍短、狭；唇瓣长圆形，基部上面具乳突，中部稍缢缩，先端叉状 3 裂；中裂片齿状三角形或披针形，长约 1.0mm，侧裂片较中裂片长。花期 6—8 月。

生长环境：生于海拔 50—1500m 山坡杂木林至针叶林下、竹林下、灌丛下或草地中。

省内分布：武夷山、邵武、连城、泰宁、长乐、连江、晋安、仓山、屏南、柘荣等地。

省外分布：安徽、甘肃、广东、广西、贵州、河南、湖北、湖南、江西、陕西、四川、云南、浙江、台湾等地。

龙头兰

Pecteilis susannae (L.) Rafin.

白蝶兰属

形态特征： 地生植物。植株高可达 1.0m。块茎长圆形。茎直立，基部具鞘，其上具多枚叶。下部的叶片卵形至卵状披针形，长 5.0—10.0cm，宽 3.0—4.0cm，上部的叶片变为披针形、苞片状。总状花序具 2—5 朵花；花大，白色，芳香；中萼片阔卵形或近圆形；侧萼片宽卵形，稍偏斜，较中萼片稍长；花瓣线状披针形，甚狭小；唇瓣 3 裂；中裂片线状长圆形；侧裂片宽阔，近扇形，外侧边缘成篦状或流苏状撕裂；距细长，长 6.0—10.0cm。花期 7—10 月。

生长环境： 生于海拔 500—2100m 的山坡草丛及沟旁。

省内分布： 建阳、新罗、同安等地。

省外分布： 广东、广西、贵州、海南、江西、四川、云南等地。

王晓云 / 摄

王晓云 / 摄

王晓云 / 摄

长须阔蕊兰

Peristylus calcaratus (Rolfe) S. Y. Hu

阔蕊兰属

形态特征：地生植物。植株高 20.0—48.0cm。块茎椭圆形。茎细长，无毛，近基部具 3—4 枚集生的叶。叶片椭圆状披针形，长 3.0—15.0cm，宽 1.0 3.5cm。总状花序具多数的花，长 9.0—23.0cm；子房细圆柱状纺锤形，扭转，无毛；花小，淡黄绿色；萼片长圆形，具 1 脉；中萼片直立，凹陷；侧萼片伸展，较中萼片稍狭；花瓣直立伸展，斜卵状长圆形，肉质，与中萼片相靠；唇瓣基部与花瓣的基部合生，3 深裂；中裂片狭长圆状披针形，先端钝；侧裂片叉开，与中裂片约成 90° 的夹角，丝状，弯曲，基部具距；距下垂，近直的，棒状，长 4.0—5.0mm，末端钝；蕊柱粗短，药室并行，花粉团具短的花粉团柄和黏盘，蕊喙小；柱头 2 个，长圆形棒状，从蕊喙之下向前伸出，并行，位于唇瓣基部两侧；退化雄蕊 2 个，近长圆形，向前伸展。花期 7—9 月。

生长环境：生于海拔 250—1600m 的山坡草地或林下。

省内分布：浦城、永安、明溪、德化、闽侯、屏南、周宁、柘荣等地。

省外分布：江苏、江西、浙江、湖南、广东、广西、云南、香港、台湾等地。

狭穗阔蕊兰

Peristylus densus (Lindl.) Santap. et Kapad.

阔蕊兰属

形态特征： 地生植物。植株高 11.0—50.0cm。块茎球状。茎直立，基部具鞘，具多枚散生的叶。叶卵状披针形至长圆状披针形，长 2.5—9.0cm，宽 0.6—2.0cm，上部的叶片变为苞片状披针形。总状花序顶生，密生多数花；花小，黄绿色；中萼片线状长圆形，与花瓣相靠；侧萼片与中萼片近等长，较狭；花瓣狭卵状长圆形，较萼片稍短；唇瓣 3 裂，在侧裂片基部后方具 1 隆起的横脊，将唇瓣分成上唇和下唇两部分，上唇从隆起的脊处向后反曲；中裂片三角状线形；侧裂片线形，叉开，与中裂片成近 90°夹角，较中萼片长；距狭圆柱形，长 3.0—4.0mm，近末端渐变狭。花期 7—9 月。

生长环境： 生于海拔 300—2100m 的山坡林下或草丛中。

省内分布： 武夷山、建瓯、长汀、诏安、德化、闽侯、晋安、柘荣等地。

省外分布： 广东、广西、贵州、江西、云南、浙江等地。

阔蕊兰

Peristylus goodyeroides (D. Don) Lindl.

阔蕊兰属

形态特征： 地生植物。植株高 30.0—90.0cm。块茎长圆形，茎细长，无毛，仅中部具叶。叶 4—6 枚，叶片椭圆形，长 3.5—17.0cm，宽 2.5—6.5cm。总状花序具 20—40 余朵密生的花，圆柱状，长 7.0—21.0cm；子房细长，圆柱状，扭转，无毛；花较小，绿色、淡绿色；中萼片卵状披针形，直立，凹陷；侧萼片斜长圆形，张开；花瓣直立，斜宽卵形，基部凹陷；唇瓣倒卵状长圆形，向前伸展，中部以上常向后弯，稍肉质，较厚，3 浅裂，裂片三角形，近等长，中裂片较侧裂片稍宽，基部具球状距，距口前缘具 1 枚色较深、纵向隆起成狭三角形的蜜腺；距长约 2.0mm，颈部收狭；蕊柱粗短，直立；药室并行，下部不延长成沟；花粉团具短的花粉团柄和黏盘；黏盘小，椭圆形，裸露，贴生于蕊喙的短臂上；蕊喙小，三角形，两侧稍延伸成短臂；柱头 2 个，隆起，棒状，从蕊喙下向外斜伸，贴生于唇瓣基部两侧边缘上，叉开；退化雄蕊 2 个。花期 6—8 月。

生长环境： 生于海拔 500—2100m 的山坡阔叶林下、灌丛下、山坡草地或山脚路旁。

省内分布： 武夷山国家公园。

省外分布： 浙江、江西、湖南、广东、广西、四川、贵州、云南、台湾等地。

华国军 / 摄

华国军 / 摄

撕唇阔蕊兰

Peristylus lacertiferus (Lindl.) J. J. Smith

阔蕊兰属

形态特征：地生植物。植株高 18.0—45.0cm。块茎长圆形或近球形。茎长，近基部常具 3 枚叶。叶长圆状披针形或卵状椭圆形，最下部的 1 枚长 5.0—12.0cm，宽 1.5—3.5cm，基部收狭成抱茎的鞘。总状花序顶生，密生多数花；花小，白色或淡绿色；中萼片卵形，与花瓣靠合；侧萼片卵形，与中萼片近等长，较狭；花瓣卵形，与萼片近等长，较狭；唇瓣 3 裂，基部具 1 枚大的肉质胼胝体；中裂片舌状；侧裂片与中裂片同向，线形或线状披针形，与中裂片近等长；距短小，囊状，长约 1.0mm；蕊柱粗短。花期 7—8 月。

生长环境：生于海拔 600—1270m 的山坡林下、灌丛下或山坡草地向阳处。

省内分布：新罗、武平、平和、南靖、同安、德化、永春、闽侯、永泰等地。

省外分布：广东、广西、海南、四川、云南、台湾等地。

触须阔蕊兰

Peristylus tentaculatus (Lindl.) J. J. Smith

阔蕊兰属

形态特征： 地生植物。植株高 18.0—60.0cm。茎直立，块茎球形或卵圆形。茎细长，基部具 3—6 枚集生的叶。叶片卵状长圆形至卵状披针形，长 4.0—7.5cm，宽 1.5—2.0cm，基部收狭成抱茎的鞘。总状花序密生 10 余朵至多数花；花小，绿色或黄绿色；中萼片长圆形；侧萼片与中萼片近等长略狭，稍偏斜；花瓣斜卵状长圆形，直立伸展，与中萼片近等长略宽，唇瓣 3 深裂，基部与花瓣的基部合生；中裂片狭长圆状披针形；侧裂片叉开，与中裂片约呈 90° 的夹角，丝状，弯曲，长 1.5—2.0cm；距短，球形，末端常 2 浅裂，长约 1.0mm；蕊柱粗短。花期 2—4 月。

生长环境： 生于海拔 150—500m 的山坡潮湿地。

省内分布： 诏安县。

省外分布： 广东、广西、海南、云南等地。

毛葶玉凤花

Habenaria ciliolaris Kraenzl.

玉凤花属

形态特征： 地生植物。植株高 25.0—60.0cm。茎直立，块茎长圆形。叶 5—6 枚，集生于茎近中部处。花茎具棱，棱上具长柔毛；总状花序顶生，具数朵至 10 余朵花，花绿白色；中萼片宽卵形，长 6.0—9.0mm，宽约 6.0mm，背面具 3 条片状具细齿的脊状隆起，近顶部边缘具睫毛，与花瓣靠合成兜状；侧萼片卵圆形，与中萼片近等长；花瓣狭披针形，不裂，与萼片近等长；唇瓣基部 3 深裂，裂片丝状，并行，向上弯曲，长约 2.0cm，基部无胼胝体；距棒状，长约 2.0cm。花期 7—9 月。

生长环境： 生于海拔 140—1800m 的林下或沟谷边阴处。

省内分布： 建瓯、政和、新罗、永安、泰宁、德化、仙游、闽侯、永泰、屏南等地。

省外分布： 甘肃、广东、广西、贵州、海南、湖北、湖南、江西、四川、浙江、台湾等地。

鹅毛玉凤花
Habenaria dentata (Sw.) Schltr.

玉凤花属

形态特征：地生植物。植株高 35.0—87.0cm。茎直立，块茎卵形至长圆形。叶 3—5 枚，疏生于茎上，长圆形至长椭圆形，长 5.0—12.0cm，宽 2.0—5.0cm，基部鞘状抱茎；叶之上具数枚苞片状小叶；花茎不具棱，无毛；总状花序具数朵花至多数花；花白色，较大；萼片和花瓣边缘具缘毛；中萼片宽卵形，与花瓣靠合成兜状；侧萼片斜卵形，与中萼片近等长；花瓣狭披针形，不裂，较萼片短而狭；唇瓣 3 裂；中裂片线形，明显短于侧裂片；侧裂片半圆形，具细齿；距向末端逐渐膨大，长约 4.0cm，距口具胼胝体，柱头 2 个，隆起成长圆形，向前伸展。花期 8—10 月。

生长环境：生于海拔 190—2100m 的山坡林下、沟边、灌丛中。

省内分布：浦城、永安、沙县、泰宁、新罗、武平、长汀、连城、华安、安溪、德化、永春、闽侯、永泰、福安等地。

省外分布：安徽、广东、广西、贵州、湖北、湖南、江西、四川、西藏、云南、浙江、台湾等地。

线瓣玉凤花

Habenaria fordii Rolfe

玉凤花属

形态特征： 地生植物。植株高 30.0—60.0cm。块茎肉质，长椭圆形，长 3.0—4.0cm。茎粗壮，直立，基部具 4—5 枚稍集生，近直立伸展的叶。叶片长圆状披针形，长 14.0—25.0cm，宽 3.0—6.0cm，叶之上具 2 至多枚披针形苞片状小叶。总状花序具多数朵，长 8.0—16.0cm；花苞片卵状披针形，子房圆柱状纺锤形，扭转，无毛；花白色，较大；中萼片宽卵形，凹陷，长 1.3—1.5cm，与花瓣靠合成兜状；侧萼片斜半卵形，较中萼片稍长，张开或反折；花瓣直立，线状披针形，先端急尖；唇瓣长 2.3—2.5cm，狭，下部 3 深裂，中裂片线形，侧裂片丝状，较中裂片狭而稍长；距伸长，细圆筒状棒形，下垂，稍向前弯，向末端稍增粗，长 3.0—6.0cm；蕊柱短；花药的药室叉开，下部延伸成长管；柱头 2 个，隆起，向前伸。花期 7—8 月。

生长环境： 生于海拔 650—2100m 的山坡或沟谷密林下阴湿处地上或岩石上的覆土中。

省内分布： 武夷山国家公园。

省外分布： 广东、广西、云南等地。

李剑武 / 摄　　　　　　　　　　　　　　　　　　　李剑武 / 摄

线叶十字兰

Habenaria linearifolia Maxim.

玉凤花属

形态特征：地生植物。块茎卵形或球形。叶5—7枚，疏生于茎中下部，线形，长9.0—20.0cm，宽3.0—7.0mm，先端渐尖，基部成抱茎的鞘。总状花序具数朵至多数花；花白色或绿白色；中萼片凹陷成舟形，卵形或宽卵形，先端稍钝，与花瓣相靠成兜状；侧萼片张开，反折，斜卵形，先端近急尖；花瓣2裂；唇瓣向前伸展，长达15.0mm，近中部3深裂；裂片线形，近等长；中裂片直的，全缘，先端渐狭、钝；侧裂片向前弧曲，先端具流苏；距下垂，稍向前弯曲，长2.5—3.5cm，向末端逐渐稍增粗成细棒状，较子房长，末端钝。花期7—9月。

生长环境：生于山坡林下或沟谷草丛中。

省内分布：武夷山市。

省外分布：安徽、河北、黑龙江、河南、湖南、江苏、江西、吉林、辽宁、内蒙古、山东、浙江等地。

裂瓣玉凤花

Habenaria petelotii Gagnep.

玉凤花属

形态特征： 地生植物。植株高 35.0—60.0cm。块茎长圆形，茎直立。叶 5—6 枚，集生于茎中部，椭圆形或椭圆状披针形，长 3.0—15.0cm，宽约 3.0cm，基部收狭成抱茎的鞘。花茎无毛；总状花序疏生 3—12 朵花；花苞片狭披针形，先端渐尖；子房无毛；花淡绿色或白色，中等大；中萼片卵形，凹陷成兜状，先端渐尖；侧萼片极张开，长圆状卵形，先端渐尖；花瓣从基部 2 深裂，裂片线形，近等宽，叉开，边缘具缘毛，上裂片直立，与中萼片并行；下裂片与唇瓣的侧裂片并行；唇瓣基部之上 3 深裂，裂片线形，近等长，长 15.0—20.0mm，边缘具缘毛；距圆筒状棒形，长 1.3—2.5cm，稍向前弯曲，中部以下向先端增粗，末端钝。花期 7—9 月。

生长环境： 生于海拔 300—1600m 的山坡或沟谷林下。

省内分布： 武夷山、建阳、浦城、光泽、将乐等地。

省外分布： 广东、广西、贵州、湖南、江西、四川、云南、浙江等地。

橙黄玉凤花

Habenaria rhodocheila Hance

玉凤花属

形态特征：地生植物。植株高 8.0—35.0cm。茎直立，块茎长圆形。叶 4—6 枚，生于茎基部和中部，线状披针形至近长圆形，长 10.0—15.0cm，宽 1.5—2.0cm，基部收狭成抱茎的鞘。花茎不具棱，无毛；总状花序疏生 2 至十余朵的花；花苞片卵状披针形，先端渐尖，短于子房；子房无毛，花橙黄色，唇瓣有时橙红色；中萼片近圆形，与花瓣靠合成兜状；侧萼片长圆形，较中萼片稍长而狭，反折；花瓣匙状线形，不裂；唇瓣 4 裂，轮廓卵形基部具短爪；中裂片 2 裂，裂片近半卵形，先端为斜截形；侧裂片长圆形，先端钝，开展；距细圆筒状，长 2.0—3.0cm，末端常向上弯。花期 7—9 月。

生长环境：生于海拔 300—1500m 的山坡或沟谷林下阴处地上或岩石上的覆土中。

省内分布：上杭、武平、同安、云霄、诏安、南靖、平和等地。

省外分布：广东、广西、贵州、海南、湖南、江西等地。

十字兰

Habenaria schindleri Schltr.

玉凤花属

形态特征： 地生植物。块茎长圆形。叶 4—7 枚，疏生于茎上，线状披针形，长 5.0—23.0cm，宽 3.0—9.0mm，先端渐尖，基部成抱茎的鞘。总状花序具数朵至多数花，花序轴无毛；花小，白色或淡绿色；中萼片卵圆形，与花瓣靠合成兜状；侧萼片近半圆形，较中萼片长，反折；花瓣卵形，2 裂；唇瓣基部线形，近基部的 1/3 处 3 深裂，近 "十" 字形，裂片线形，近等长；中裂片全缘，先端渐尖；侧裂片较中裂片宽，先端具流苏；距长 1.5—3.0cm，近末端膨大。花期 8—9 月。

生长环境： 生于海拔 700—1400m 山坡林下或沟谷草丛中。

省内分布： 建阳、武夷山、光泽、尤溪、明溪、建宁、德化、闽侯、罗源、屏南等地。

省外分布： 安徽、广东、河北、湖南、江苏、江西、吉林、辽宁、浙江等地。

银兰

Cephalanthera erecta (Thunb. ex A. Murray) Bl.

头蕊兰属

形态特征： 地生植物。植株高 10.0—30.0cm。茎直立，中部以上具 2—4 枚叶。叶椭圆形至卵状披针形，长 2.0—7.0cm，宽 1.0—3.0cm，基部收狭抱茎。总状花序具 3—10 朵花；花白色；萼片长圆状椭圆形，花瓣与萼片相似稍短；唇瓣 3 裂；侧裂片卵状三角形或披针形，多少围抱蕊柱；中裂片近心形，上面具 3 条纵褶片，纵褶片向前方逐渐为乳突所代替；距圆锥形，长约 3.0mm；蕊柱长约 3.5mm。花期 4—6 月。

生长环境： 生于海拔 850—2100m 的林下、灌丛中或沟边土层厚且有阳光处。

省内分布： 武夷山、闽侯、屏南等地。

省外分布： 安徽、甘肃、广东、广西、贵州、湖北、江西、陕西、四川、云南、浙江、台湾等地。

金兰

Cephalanthera falcata (Thunb. ex A. Murray) Bl.

头蕊兰属

形态特征： 地生植物。植株高 20.0—50.0cm。茎直立。叶 4—7 枚，椭圆形、椭圆状披针形或卵状披针形，长 4.0—7.0cm，宽 1.0—2.0cm，基部收狭抱茎。总状花序具 5—10 朵花；花黄色，稍张开；萼片狭菱状椭圆形；花瓣与萼片相似稍短；唇瓣 3 裂；中裂片近扁圆形，上面具 5—7 条纵褶片，近先端处密生乳突；侧裂片三角形，多少围抱蕊柱；距圆锥形，长约 3.0mm；蕊柱长约 6.0mm，顶端稍扩大。花期 4—5 月。

生长环境： 生于海拔 700—1600m 的林下、灌丛中、草地上或沟谷旁。

省内分布： 武夷山、建瓯、浦城、政和、屏南等地。

省外分布： 安徽、广东、广西、贵州、湖北、湖南、江苏、江西、四川、云南、浙江等地。

无叶兰

Aphyllorchis montana Rchb. f.

无叶兰属

形态特征：菌类寄生植物。植株高 43.0—70.0cm。茎直立，无绿叶，茎下部具多枚长 0.5—2.0cm、抱茎的鞘，上部具数枚鳞片状、长 1.0—1.3cm 的不育苞片。总状花序长约 20.0cm，疏生 10 余朵花；花苞片线状披针形，反折，明显短于子房连花梗；花黄褐色；中萼片长圆形或倒卵形，舟状，先端钝；侧萼片较中萼片稍短且不为舟状；花瓣较短而质薄，近长圆形；唇瓣长约 1.0cm，近基部处缢缩而形成上下唇；下唇稍凹陷，内具不规则突起，两侧具耳；上唇卵形，长约 7.0mm，有时多少 3 裂，边缘稍波状。花期 7—10 月。

生长环境：生于海拔 700—1500m 的林下。

省内分布：新罗、南靖、永春、德化、仙游等地，罕见。

省外分布：广西、贵州、海南、云南、香港、台湾等地。

林青青／摄   林青青／摄

尖叶火烧兰

Epipactis thunbergii A. Gray

火烧兰属

形态特征： 地生植物。植株高 20.0—30.0cm。茎直立，无毛，基部具 2—4 枚鳞片状鞘。叶 6—8 枚，互生；叶片卵状披针形，先端渐尖，长 5.0—10.0cm，宽 1.2—3.0cm，基部抱茎成鞘状。向上叶逐渐变小。总状花序长 3.0—7.0cm，具 3—10 朵花；花苞片叶状，卵状椭圆形，较花长，向上逐渐变短；子房和花梗无毛；中萼片卵状椭圆形，先端急尖；侧萼片卵状椭圆形，先端急尖；花瓣宽卵形，稍歪斜，先端急尖；唇瓣长近 10.0mm，上下唇以一极短的关节相连；下唇楔形，两侧各具一枚直立的耳状裂片；上唇匙形，先端近圆形，边缘稍波状，在近基部有 4—5 条鸡冠状突起直贯下唇，外侧的两条较短；蕊柱粗短。花期 6—7 月。

生长环境： 生于海拔 1000m 以上灌草丛下或草坡中。

省内分布： 霞浦、周宁、柘荣等地。

省外分布： 浙江省。

日本对叶兰

Neottia japonica Bl.

鸟巢兰属

形态特征： 地生植物。茎细长，有棱，近中部处具 2 枚对生叶。叶以上部分具短柔毛。总状花序顶生，长 6.0—8.0mm，具 2—9 朵花；花梗细长，具稀疏白色细毛；花紫绿色；3 萼片和花瓣近等长；花瓣长椭圆状线形，先端钝；唇瓣楔形，长 6.0mm，先端二叉裂，基部具一对长的耳状小裂片；耳状小裂片环绕蕊柱并在蕊柱后侧相互交叉；裂片先端叉开，线形，长约 4.0mm。果长圆形，长约 1.0mm。花期 3—4 月。果期 4—5 月。

生长环境： 生于海拔 800—1100m 针阔混交林下或竹林下。

省内分布： 平和、闽侯、蕉城、福安等地。

省外分布： 湖南、浙江、广东、台湾等地。

武夷山对叶兰

Neottia wuyishanensis B.H. Chen & X.H. Jin

鸟巢兰属

形态特征：地生植物。植株高 18.5—28.0cm。植株近基部处具 1 枚白色鞘，中部以下 1/3—2/3 处具 2 枚对生叶。叶片宽卵状心形，有三脉，长 1.8—1.9cm，宽 1.7—1.9cm，无柄。总状花序长 4.0—9.0cm，具 5—19 朵花，被短腺毛；花序轴被短腺毛；花苞片卵状披针形，浅绿色，明显短于花梗，自下向上渐变小，花绿白色。花梗被腺毛，子房无毛。中萼片近长圆形，先端钝，具 1 脉；侧萼片斜卵形，多少弯曲，与中裂片近等长；花瓣线形至细条形，略短于中萼片；唇瓣倒披针形，先端 2 裂；两裂片 30°角叉开，在裂片间具不明显突起，基部明显收狭爪，中央具一条粗厚的蜜槽，蜜槽通常自基部向顶部渐变细；裂片长披针形或条形先端圆钝，边缘两侧具 4—5 对的疏齿及多少具乳突状的微毛。蕊柱很短，稍向前倾；花药位于药床之中，向前俯倾；蕊喙大，蕊喙基部膨大成肉囊状。花期 7—8 月。

生长环境：生于海拔约 1700m 的针阔混交林林缘。

省内分布：武夷山、德化等地。

省外分布：未见报道。

短穗竹茎兰
Tropidia curculigoides Lindl.

竹茎兰属

形态特征：地生植物。植株高 30.0—70.0cm 或更高，具粗短、坚硬的根状茎和纤维根。茎直立，数个丛生，常不分枝。叶通常有 10 枚以上，疏松地生于茎上；叶片狭椭圆状披针形，坚纸质，长 15.0—25.0cm，宽 2.0—4.0cm。总状花序生于茎顶端和茎上部叶腋，长 1.0—2.5cm，具数朵至 10 余朵花；花绿白色，密集；萼片长圆状披针形，先端长渐尖；侧萼片仅基部合生；花瓣长圆状披针形，唇瓣卵状披针形，基部凹陷，舟状，先端渐尖；蕊柱短；花药卵形，蕊喙直立，倒卵形，先端具 2 裂的短尖，全长达 2.0mm。蒴果近长圆形，长约 2.0cm，宽约 5.0mm。花期 6—8 月。

生长环境：生于海拔 250—1000m 的林下或沟谷旁阴处。

省内分布：漳浦、永泰等地。

省外分布：海南、广西、云南、西藏、香港、台湾等地。

周欣欣 / 摄

天麻 别名：赤箭

Gastrodia elata Bl.

天麻属

形态特征： 菌类寄生植物。植株高 30.0—100.0cm。根状茎椭圆形至近哑铃形。总状花序常具 30—50 朵花；花苞片长圆状披针形，长 1.0—1.5cm；花梗和子房略短于花苞片；花近直立，橙黄、淡黄、蓝绿或黄白色；花被筒长约 1.0cm，直径约 6.0mm，近壶形，顶端具 5 枚裂片，两枚侧萼片合生处的裂口深达 5.0mm，筒的基部向前方凸出；外轮裂片（萼片离生部分）卵状三角形，先端钝；内轮裂片（花瓣离生部分）近长圆形，较小；唇瓣 3 裂，长圆状卵圆形，长 6.0—7.0mm，宽 3.0—4.0mm，基部贴生于蕊柱足末端与花被筒内壁上并有 1 对肉质胼胝体，上部离生，上面具乳突，边缘有不规则短流苏；蕊柱长约 6.0mm，具短的蕊柱足。花期 5—7 月。

生长环境： 生于海拔 400—2100m 的疏林下、林中空地、林缘、灌丛边缘。

省内分布： 武夷山国家公园。

省外分布： 安徽、甘肃、贵州、河北、河南、湖北、湖南、江苏、江西、吉林、辽宁、内蒙古、陕西、山西、四川、西藏、云南、浙江、台湾等地。

保护级别： 国家二级保护野生植物。

朱鑫鑫 / 摄

朱鑫鑫 / 摄

朱鑫鑫 / 摄

福建天麻
Gastrodia fujianensis L.Ma, X.Y.Chen & S.P.Chen

天麻属

形态特征： 菌类寄生植物。植株绿棕色，高达 20.0cm。根状茎顶端不分枝，水平，具块茎状，卵形或圆筒状，长 2.5—6.0cm，宽 0.8 2.5cm，远端具节，被微柔毛。花序直立，顶生，具 4—11 朵花，花序柄长 5.0—9.0cm，基部具苞片有 1—3 枚，披针形，红棕色，宿存。花梗和子房长 8.0—15.0mm，花梗带棕色红色，子房绿棕色，直径约 2.0mm，具沟，外表面疣状。花开放时略微向下，敞开，淡绿色或棕色，有光泽。花被筒钟状，外表面疣状，先端 5 浅裂；萼片离生，花瓣离生部分比萼片裂片小很多，边缘具小齿；唇瓣卵形或三角形，淡黄色，边缘平坦，基部具爪，先端具乳突；爪长 1.0—2.0mm，具 3—4 个红棕色结节附属物；唇盘有 5—6 个纵向的薄片；合蕊柱长 5.0—7.0mm，狭翅，具 1 对齿状顶端突出物；花药半球形，直径约 1.0mm。蒴果圆筒状，具乳突。

生长环境： 生于海拔 1100m 的常绿阔叶林下。

省内分布： 武夷山国家公园。

省外分布： 未见报道。

马良／摄

马良／摄

南天麻

Gastrodia javanica (Bl.) Lindl.

天麻属

形态特征: 菌类寄生植物。根状茎块茎状,近圆柱形。总状花序具少数至十余朵花;花苞片三角形,长约 3.5mm;花梗和子房长约 5.5mm,长于花苞片;花黄绿色或浅灰褐色,中脉处有紫色条纹;花被筒长约 1.0cm,近壶形,顶端具 5 枚裂片,两枚侧萼片合生处的裂口几乎深达近基部,唇瓣多少外露,筒的基部略向前方凸出;花被裂片宽卵状圆形,外轮裂片略大于内轮裂片;唇瓣以基部的爪贴生于蕊柱足末端,上部卵圆形,长 5.0—6.0mm;爪长 3.0—4.0mm,上面具 2 枚胼胝体;蕊柱长约 7.0mm,具翅,有蕊柱足。花期 6—7 月。

生长环境: 生于林下。

省内分布: 武夷山国家公园。

省外分布: 台湾省。

金效华 / 摄

金效华 / 摄

北插天天麻
Gastrodia peichatieniana S. S. Ying

天麻属

形态特征： 菌类寄生植物。植株高 25.0—40.0cm。根状茎多少块茎状，长 1.8—2.6cm，肉质。茎直立，无绿叶，淡褐色，有 3—4 节。总状花序具 4—5 朵花；花梗和子房长 7.0—9.0mm，白色或多少带淡褐色；花近直立，白色或多少带淡褐色，长 6.0—8.0mm；萼片和花瓣合生成细长的花被筒，筒长 5.0—6.0mm，顶端具 5 枚裂片；外轮裂片（萼片离生部分）相似，三角形，长 0.8—1.0mm，边缘多少皱波状；内轮裂片（花瓣离生部分）略小；唇瓣小或不存在；蕊柱长 5.0—6.0mm，有翅，前方自中部至下部具腺点。花期 10 月。

生长环境： 生于海拔 900—1500m 的林下。

省内分布： 建阳、闽侯等地。

省外分布： 广东、台湾等地。

武夷山天麻

Gastrodia wuyishanensis Da M. Li & C. D. Liu

天麻属

形态特征： 菌类寄生植物。植株高 13.0—28.5cm。根状茎褐色，圆柱形或椭圆形，长 1.5—2.0cm，有 3—4 节。花葶灰褐色或灰绿色，长 10.0—20.2cm，中部以下具 3—4 节、疏生数枚鳞片状鞘；鞘圆柱形，长 4.0—13.0mm；总状花序疏生 5—8 朵花，花序轴长 2.5—7.5cm；花苞片早落，褐色，宽卵形，先端锐尖；花半张开，不倒置，灰白色；花梗连子房长 3.0—7.0mm，青白色；花被筒圆柱形，长 7.0—11.0mm，宽 4.0—5.0mm，两枚侧萼片合生处无裂口；外轮裂片三角形至卵圆形，先端钝；内轮裂片卵圆形，先端浑圆；唇瓣宽菱形或倒卵形；蕊柱长 4.0—5.0mm，具狭翅。花期 8—9 月。

生长环境： 生于海拔 900—1300m 的密林下。

省内分布： 武夷山国家公园。

省外分布： 未见报道。

华国军 / 摄

七角叶芋兰

Nervilia mackinnonii (Duthie) Schltr.

芋兰属

形态特征：地生植物。块茎球形。叶1枚，在花凋谢后长出，绿色，七角形，长2.5 4.5cm，宽3.7—5.0cm，具7条主脉，在脉末端处之边缘略成角状；花葶高7.0—10.0cm，结果时伸长，具2—3枚疏离的筒状鞘；花序仅具1朵花；花苞片很小，直立，明显较子房和花梗短；子房圆柱状倒卵形，花张开或半张开；萼片淡黄色，带紫红色，线状披针形先端渐尖；花瓣与萼片极相似，先端急尖；唇瓣白色，凹陷，展平时长圆形，内面具3条粗脉，无毛，近中部3裂；侧裂小，直立，紧靠蕊柱两侧，先端急尖；中裂片狭长圆形，先端钝；蕊柱细长。花期5月。

生长环境：生于海拔900—1000m的林下。

省内分布：武夷山国家公园。

省外分布：云南、贵州等地。

黄泽豪／摄

毛叶芋兰

Nervilia plicata (Andr.) Schltr.

芋兰属

形态特征： 地生植物。块茎圆球形，直径 5.0—10.0mm。叶 1 枚，带圆的心形，长 4.0—11.0cm，宽 3.5—13.0cm，花凋谢后生出，上面黑紫色，背面绿色，具多条在叶两面隆起的粗脉，脉上、脉间和边缘均有粗毛；叶柄长 0.5—3.0cm。总状花序具 2 朵花；花半张开，多少下垂；萼片和花瓣近等大，线状长圆形，先端渐尖；唇瓣近中部不明显的 3 浅裂，近长圆形，内面无毛；中裂片大，近四方形或卵形；侧裂片小，围抱蕊柱；蕊柱长 1.0—1.2cm。花期 5—6 月。

生长环境： 生于海拔 100—500m 的山坡林缘或沟谷阴湿处灌草丛中。

省内分布： 同安、南安等地。

省外分布： 甘肃、广东、广西、四川、云南、香港等地。

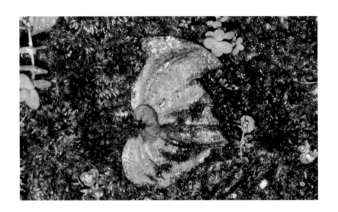

李剑武 / 摄

李剑武 / 摄

竹叶兰

Arundina graminifolia (D. Don) Hochr.

竹叶兰属

形态特征：地生植物。植株高可达 1.0m，具较多的纤维根。根状茎呈卵球形膨大。茎直立，芦苇状。叶线状披针形，禾叶状，长 8.0—20.0cm，宽 10.0—20.0mm。花序顶生，有时分枝，具数朵至 10 余朵花；花大，白色或粉红色，直径约 5cm；萼片长圆状披针形，花瓣于萼片近等长，宽约 1.3cm；唇瓣 3 裂，中裂片近方形，先端 2 浅裂；侧裂片钝，内弯，围抱蕊柱；唇盘上具 2—3 条褶片；蕊柱长约 2.0cm。 花期 9—11 月。

生长环境：生于山坡林缘草丛中或溪谷旁。

省内分布：全省各地习见。

省外分布：广东、广西、贵州、海南、湖南、江西、四川、西藏、云南、浙江、台湾等地。

白及

Bletilla striata (Thunb. ex A. Murray) Rchb. f.

白及属

形态特征：地生植物。植株高 18.0—60.0cm。假鳞茎扁球形。叶 4—6 枚，狭长圆形或披针形，长 8.0—29.0cm，宽 1.5—4.0cm，先端渐尖，基部收狭成鞘并抱茎。总状花序具 3—10 朵花；花大，粉红色、紫红色或白色；萼片狭长圆形，先端急尖；花瓣与萼片近等长稍宽；唇瓣 3 裂，白色带紫红色，具紫色脉，唇盘上面具 5 条纵褶片，从基部伸至中裂片近顶部，仅在中裂片上面为波状；蕊柱长约 2.0cm，稍弓曲，具狭翅。花期 4—5 月。

生长环境：生于海拔 100—2100m 的常绿阔叶林下，路边草丛或岩石缝中。

省内分布：宁化、连城、云霄等地。

省外分布：安徽、甘肃、广东、广西、贵州、湖北、湖南、江苏、江西、陕西、四川、浙江等地。

保护级别：国家二级保护野生植物。

流苏贝母兰

Coelogyne fimbriata Lindl.

贝母兰属

形态特征： 附生植物。根状茎匍匐，假鳞茎卵状椭圆形，长 1.5—3.5cm。叶 2 枚，长圆形或长圆状披针形，长 2.3—8.2cm，宽 0.8—2.0cm，先端急尖。花葶从已长成的假鳞茎顶端发出；花 1 2 朵，淡黄色，直径 2.5—3.0cm；萼片相似，长圆状披针形，花瓣丝状或狭线形，与萼片近等长；唇瓣 3 裂，卵形；中裂片近圆形，边缘具流苏；侧裂片直立，顶端多少具流苏；唇盘上具 2 条纵褶片延伸至中裂片近先端处，并在中裂片外侧具 2 条短的褶片；蕊柱长 1.0—1.3cm，两侧具翅。花期 8—12 月。

生长环境： 生于海拔 500—1200m 的林中或林缘树干上、溪边或林下岩石上。

省内分布： 延平、武夷山、新罗、武平、云霄、诏安、南靖、平和、德化、仙游、涵江、闽侯、福清、长乐、永泰、马尾、蕉城、屏南等地。

省外分布： 广东、广西、海南、江西、西藏、云南等地。

台湾独蒜兰

Pleione formosana Hayata

独蒜兰属

形态特征： 地生或半附生植物。假鳞茎卵球形或稍扁球形，长 1.3—4.0cm，直径 1.7—3.7cm，绿色至暗紫色，顶生 1 枚叶。叶为椭圆形至倒披针形，长 10.0—25.0cm，宽 3.0—5.0cm；花常 1 朵，稀 2 朵，白色至粉红色，唇瓣色泽较萼片及花瓣淡，上面具有黄色、红色或褐色斑；中萼片狭椭圆状倒披针形，先端急尖；侧萼片狭椭圆状倒披针形，多少偏斜，与中萼片近等长或稍短；花瓣线状倒披针形，稍长于中萼片；唇瓣宽不明显 3 裂，先端微缺，上部边缘撕裂状，上面具 3—5 条褶片，中央的 1 条极短或不存在；褶片常有间断，全缘或呈啮蚀状；蕊柱长约 3.0cm。花期 3—4 月。

生长环境： 生于海拔 600—2100m 的林缘岩壁上。

省内分布： 建阳、武夷山、建瓯、顺昌、浦城、光泽、政和、永安、尤溪、建宁、新罗、上杭、连城、长汀、诏安、华安、德化、永泰、闽清、闽侯、屏南、周宁、寿宁、福鼎、霞浦、柘荣等地。

省外分布： 江西、浙江、台湾等地。

保护级别： 国家二级保护野生植物。

细叶石仙桃

Pholidota cantonensis Rolfe

石仙桃属

形态特征： 附生植物。根状茎匍匐，分枝。假鳞茎狭卵形至卵状长圆形，长 1.0—2.2cm，宽 4.0—7.0mm，疏生在根状茎上。叶 2 枚，线形或线状披针形，纸质，长 3.0—7.5cm，宽 4.0—12.0mm，基部收狭成柄状。花葶从幼嫩假鳞茎顶端抽出；总状花序具 10 余朵花；花小，排成 2 列，白色或淡黄色；萼片近相似，卵状长圆形；花瓣宽卵状菱形或宽卵形，与萼片近等长，略宽；唇瓣不明显 3 裂，基部凹陷成囊状；蕊柱粗短，长约 1.5mm，顶端两侧具翅。花期 3—4 月。

生长环境： 生于海拔 200—850m 的林中树干或溪边岩石上。

省内分布： 建阳、武夷山、上杭、连城、漳平、泰宁、平和、南靖、华安、德化、永春、惠安、永泰、闽清、闽侯、长乐、罗源、福清、连江、晋安、屏南、福鼎、霞浦等地。

省外分布： 广东、广西、湖南、江西、浙江、台湾等地。

石仙桃

Pholidota chinensis Lindl.

石仙桃属

形态特征：附生植物。假鳞茎狭卵状长圆形，相距 0.5—1.5cm 着生在根状茎上，长 1.6—8.0cm，宽 0.5—2.5cm，基部具柄。叶 2 枚，倒卵形、倒卵状椭圆形或倒卵状披针形，长 6.0—18.0cm，宽 2.5—5.0cm，基部收狭成柄状。花葶从幼嫩假鳞茎顶端抽出；总状花序具数朵至 20 余朵花；花序轴稍曲折；花白色或带浅黄色，直径约 1.2cm；花苞片宿存，长于子房连花梗；中萼片卵状椭圆形，凹陷成舟状；侧萼片与中萼片近等长；花瓣线状披针形，背面略有龙骨状突起；唇瓣 3 裂，基部凹陷成囊状；蕊柱长约 5.0mm，中部以上具翅。花期 4—5 月。

生长环境：生于海拔 1500m 以下的林中树干上或溪边岩壁上。

省内分布：漳浦、云霄、诏安、平和、南靖、长泰、同安、德化、惠安、永泰、闽清、闽侯、长乐、罗源、福清、晋安、寿宁、福鼎、霞浦等地。

省外分布：广东、广西、湖南、江西、浙江、台湾等地。

密花石斛

Dendrobium densiflorum Lindl.

石斛属

形态特征： 附生植物。茎粗壮，棒状，长 25.0—40.0cm，下部收狭为细圆柱形，具数个节和 4 个纵棱，干后淡褐色并且带光泽。叶常 3—4 枚，近顶生，革质，长圆状披针形。总状花序从老茎上端发出，下垂，密生许多花；苞片纸质，倒卵形；花开展，萼片和花瓣淡黄色；中萼片卵形，具 5 条脉，全缘；侧萼片卵状披针形；萼囊近球形；花瓣近圆形，基部收狭为短爪，中部以上边缘具啮齿；唇瓣金黄色，圆状菱形，基部具短爪，中部以下两侧围抱蕊柱，上面和下面的中部以上密被短茸毛；蕊柱橘黄色；药帽橘黄色，半球形。花期 4—5 月。

生长环境： 生于海拔 420—1000m 的常绿阔叶林中的树干上或山谷岩石上。

省内分布： 云霄、诏安、平和等地。

省外分布： 广东、海南、广西、西藏等地。

保护级别： 国家二级保护野生植物。

吴叶青 / 摄

李剑武 / 摄

单叶厚唇兰

Dendrobium fargesii Finet　[*Epigeneium fargesii* (Finet) Gagnep.]

石斛属

形态特征：附生植物。假鳞茎近卵形，彼此相距约 1.0cm 左右斜生于根状茎上，长约 1.0cm，被栗色鞘，顶生 1 叶。叶革质，干后栗色，卵形或宽卵状椭圆形，长 1.0—2.5cm，宽 6.0—11.0mm，先端凹。花单生于假鳞茎顶端；中萼片卵形，侧萼片斜卵形，基部与蕊柱足合生成萼囊；花瓣较萼片小；唇瓣 3 裂，小提琴状，长约 2.0cm，唇盘具 2 条纵向的龙骨脊；中裂片阔倒卵形，先端深凹，边缘多少波状；侧裂片直立。花期 4—5 月。

生长环境：生于海拔 500—2100m 沟谷岩石上或山地林中树干上。

省内分布：延平、邵武、武夷山、顺昌、光泽、永安、宁化、上杭、连城、长汀、华安、仙游、永泰、闽清、蕉城、屏南、周宁、福鼎、霞浦等地。

省外分布：安徽、浙江、江西、湖北、湖南、广东、广西、四川、云南、台湾等地。

保护级别：国家二级保护野生植物。

矩唇石斛

Dendrobium linawianum Rchb. f.

石斛属

形态特征： 附生植物。茎直立，稍扁圆柱形，下部收狭，具数节，节间稍呈倒圆锥形。叶长圆形，先端钝，具不等侧 2 裂，基部扩大为抱茎的鞘。总状花序从落了叶的老茎上部发出，具 2—4 朵花；花大，白色，花被片先端常带淡紫红色；中萼片长圆形，侧萼片多少斜长圆形，与中萼片近等大；萼囊狭圆锥形，花瓣椭圆形，与萼片近等长，但宽得多；唇瓣白色，上部紫红色，宽长圆形，与花瓣等大，前部反折，唇盘基部两侧各具 1 条紫红色带，上面密布短茸毛；蕊柱长约 4.0mm，具长约 8.0mm 的蕊柱足。花期 4—5 月。

生长环境： 生于海拔约 600m 溪边林缘岩壁上。

省内分布： 尤溪、晋安、蕉城等地。

省外分布： 广东、海南、广西、西藏等地。

保护级别： 国家二级保护野生植物。

罗河石斛

Dendrobium lohohense T. Tang et F. T. Wang

石斛属

形态特征： 附生植物。茎圆柱形，长达 80.0cm，粗约 4.0mm，具多节，具数条纵条棱。叶长圆形，薄革质，2 列，长 3.0—4.5cm，宽 5.0—16.0mm，先端急尖，基部具抱茎的鞘。花蜡黄色，稍肉质；总状花序减退为单朵花，侧生于具叶的茎端或叶腋；花序柄无；中萼片椭圆形；侧萼片斜椭圆形，较中萼片稍长较狭；萼囊近球形；花瓣椭圆形；唇瓣不裂，倒卵形，基部楔形而两侧围抱蕊柱，前端边缘具不整齐的细齿；蕊柱长约 3.0mm，顶端两侧各具 2 个蕊柱齿；药帽近半球形，光滑，前端近截形而向上反折，其边缘具细齿。花期 6 月，果期 7—8 月。

生长环境： 生于海拔 600—1500m 的林中树上或林缘岩壁上。

省内分布： 长汀县。

省外分布： 重庆、广东、广西、贵州、湖北、湖南、云南等地。

保护级别： 国家二级保护野生植物。

刘昂 / 摄

罗氏石斛

Dendrobium luoi L.J. Chen & W.H. Rao

石斛属

形态特征： 附生植物。植株矮小，假鳞茎狭卵形，长 1.0—1.5cm，粗 4.0—5.0mm，具 3 节。叶 2—3 枚，卵状狭椭圆形或狭长圆形，长 1.1—2.2cm，宽 4.0—5.0mm，先端钝且不等侧二裂；花序生于老茎上部的节上，单花；花苞片膜质，卵形；萼片淡黄色，具红褐色先端；中萼片狭卵状椭圆形，先端锐尖；侧萼片卵状三角形，先端锐尖，基部歪斜；萼囊大，向前弯曲，末端钝；花瓣淡黄色，狭椭圆形，唇瓣淡黄色，具紫褐色斑块；倒卵状匙形，不裂，先端稍凹缺，中央具 3 条粗厚脉纹状褶片并从基部延伸至先端，褶片中间增粗并密具乳突状毛；唇盘上部具乳突状短毛；蕊柱长约 2.5mm，蕊柱足长约 1.0cm。花期 5 月。

生长环境： 生于海拔 800m 以上林缘的古树树干（枝）或岩壁上。

省内分布： 政和、屏南、周宁等地。

省外分布： 湖南、浙江等地。

保护级别： 国家二级保护野生植物。

细茎石斛

Dendrobium moniliforme (L.) Sw.

石斛属

形态特征： 附生植物。茎直立，细圆柱形，上下一致，具多节，节间长 2.0—4.0cm。叶 2 列，互生，长圆状披针形，先端不等侧 2 裂或急尖而钩转，基部下延为抱茎的鞘。总状花序侧生于茎的上部，具 1—3 朵花；花黄绿色或白色，直径约 3.0cm；花苞片干膜质，浅白色带褐色斑块；萼片相似，近长圆形；萼囊近球形；花瓣较萼片稍宽；唇瓣 3 裂，基部带浅黄色斑块；中裂片卵状披针形，全缘；侧裂片半圆形，边缘常具细锯齿；唇盘在两侧裂片之间被短柔毛，基部常具 1 枚胼胝体，近中裂片基部具 1 个黄绿色斑块；蕊柱长 3.0mm。花期 3—5 月。

生长环境： 生于海拔 590—2000m 的林中树干或岩壁上。

省内分布： 延平、建阳、武夷山、顺昌、浦城、光泽、政和、尤溪、德化、仙游、永泰、屏南、周宁等地。

省外分布： 安徽、甘肃、广东、广西、贵州、河南、湖南、江西、陕西、四川、云南、浙江、台湾等地。

保护级别： 国家二级保护野生植物。

石斛

Dendrobium nobile Lindl.

石斛属

形态特征：附生植物。茎直立，稍扁的圆柱形，长10.0—60.0cm，上部稍呈回折状，基部收狭，节稍增粗。叶长圆形，先端不等侧2裂，基部下延为抱茎的鞘。总状花序侧生于茎中上部，具1—4朵花；花大，直径约7.0cm，白色，常在花被片先端带淡紫红色；萼片相似，长圆状椭圆形；萼囊短而钝；花瓣椭圆形，与萼片近等长，较宽；唇瓣不裂，宽卵状长圆形，基部两侧具紫红色条纹，唇盘中央具1个紫红色大斑块，先端淡紫红色，边缘具短睫毛，两面密布短茸毛；蕊柱长约5.0mm，具蕊柱足；药帽密布细乳突，前端边缘具不整齐的尖齿。花期4—5月。

生长环境：生于海拔480—1700m的林中树干或岩壁上。

省内分布：永安、永泰等地。

省外分布：广西、贵州、海南、湖北、四川、西藏、云南、香港、台湾等地。

保护级别：国家二级保护野生植物。

铁皮石斛

Dendrobium officinale Kimura et Migo

石斛属

形态特征：附生植物。茎直立，圆柱形，长 9.0—35.0cm，粗 0.2—0.4cm，不分枝，具多节，节间长 1.3—1.7cm。叶 2 列，长圆状披针形，先端钝且钩转，基部下延为抱茎的鞘，边缘和中肋常带淡紫色；叶鞘常具紫斑，老时鞘口张开，与节留下 1 个环状铁青的间隙。总状花序侧生于茎的上部，具 2—3 朵花；花苞片干膜质，浅白色；萼片和花瓣黄绿色，近相似，长圆状披针形；侧萼片基部较宽阔；萼囊圆锥形；唇瓣不裂或不明显 3 裂，卵状披针形，白色，唇盘密布细乳突状的毛，在中部以上具 1 个紫红色斑块，基部具 1 枚胼胝体；蕊柱长 3.0mm，先端两侧各具 1 个紫点。花期 3—6 月。

生长环境：附生于海拔约 500m 以上的半阴湿的岩石上或山地大树树干上。

省内分布：邵武、连城、永安、宁化、泰宁、永春、屏南、柘荣等地。

省外分布：安徽、广西、四川、云南、浙江、台湾等地。

保护级别：国家二级保护野生植物。

剑叶石斛

Dendrobium spatella H. G. Reichenbach

石斛属

形态特征：附生植物。茎直立，扁三棱形，长达 60.0cm，粗 0.4cm，基部收狭，向上变细，不分枝，具多个节，节间长 1.0cm。叶套叠成 2 列，两侧压扁而成短剑状，向上叶逐渐退化而成鞘状。花序侧生于茎的上部，甚短，具 1—2 朵花；花小，白色，直径约 8.0mm；中萼片卵状长圆形，侧萼片斜卵状三角形，萼囊长约 6.0mm；花瓣卵状长圆形，较中萼片狭；唇瓣近扇形，基部楔形，具爪。花期 10—11 月。

生长环境：附生于海拔 260—1000m 的林中树干上或岩石上。

省内分布：南靖县。

省外分布：广西、海南、云南、香港等地。

保护级别：国家二级保护野生植物。

林裕芳／摄

广东石斛

Dendrobium wilsonii Rolfe

石斛属

形态特征：附生植物。茎直立或斜立，细圆柱形，长 10.0—30.0cm，不分枝，具少数至多数节，干后淡黄色带污黑色。叶革质，2 列，数枚，互生于茎的上部，狭长圆形，长 3.0—5.0cm，宽 6.0—12.0mm，先端钝并且稍不等侧 2 裂；叶鞘革质，老时呈污黑色。总状花序 1—4 个，从老茎上部发出，具 1—2 朵花；花苞片干膜质，浅白色，中部或先端栗色；花大，乳白色，开展；中萼片长圆状披针形，具 5—6 条主脉和许多支脉；侧萼片三角状披针形，与中萼片等长；萼囊半球形，花瓣近椭圆形，具 5—6 条主脉和许多支脉；唇瓣卵状披针形，比萼片稍短而宽得多，3 裂，基部楔形，其中央具 1 个胼胝体；唇盘中央具 1 个黄绿色的斑块，密布短毛；蕊柱长约 4.0mm；蕊柱足长约 1.5cm，内面常具淡紫色斑点；药帽近半球形，密布细乳突。花期 5 月。

生长环境：生于海拔 600—1300m 的山地阔叶林中的树干上或林下岩石上。

省内分布：光泽、永安、尤溪、德化、永春、永泰等地。

省外分布：湖北、湖南、广东、海南、广西、四川、贵州、云南等地。

保护级别：国家二级保护野生植物。

芳香石豆兰

Bulbophyllum ambrosia (Hance) Schltr.

石豆兰属

形态特征： 附生植物。根状茎粗 2.0—3.0mm，根成束从假鳞茎基部发出。假鳞茎圆柱形，长 2.0—4.0cm，粗 3.0—10.0mm，疏生在根状茎上。叶 1 枚，长椭圆形或长圆形，长 4.0—9.5cm，宽 0.8—2.0cm，先端钝且微凹；花葶从假鳞茎一侧基部发出，顶生 1 朵花；花淡黄色带紫色；中萼片近长圆形，侧萼片斜卵状三角形，中部以上不等侧而扭曲成喙状，基部贴生于蕊柱足而形成宽钝的萼囊；花瓣三角形；唇瓣近卵形，基部具凹槽，与蕊柱足末端连接而形成活动关节，上面具 1—2 条肉质褶片；蕊柱短，蕊柱足长约 6.0mm。花期 2—5 月。

生长环境： 生于海拔 1300m 以下的林中树干、溪边林缘岩石上。

省内分布： 同安、云霄、平和、安溪、永春、永泰、闽侯、罗源、福清、连江、晋安等地。

省外分布： 广东、广西、海南、云南等地。

二色卷瓣兰

Bulbophyllum bicolor Lindl.

石豆兰属

形态特征： 附生植物。根状茎粗壮，每相隔 3.0—4.0cm 生 1 个假鳞茎。假鳞茎卵球形，长 1.5—2.0cm，粗 8.0—13.0mm，顶生 1 枚叶，干后淡黄色，具光泽。叶革质，长圆形，长 10.4—14.0cm，宽 1.8—2.3cm，先端钝并且稍凹入，基部收狭为长约 1.5cm 的柄。花葶从假鳞茎基部发出，长约 5.0cm，伞形花序具 1—3 朵花；花序柄被 1—2 枚鞘；花苞片披针形；花淡黄色，在基部内面具紫色斑点；萼片和花瓣先端紫红色；中萼片长圆形，先端渐尖，边缘具肥厚的红色缘毛；侧萼片斜卵状披针形，先端钝，基部上方扭转而下侧边缘在基部彼此粘合；花瓣长圆形，先端具短尖、紫红色，边缘全缘；唇瓣橄榄绿色，后变为橘红色，卵形，向外下弯，与蕊柱足末端连接而形成 1 个活动关节，先端钝；蕊柱短，上端两侧各具 1 枚狭齿状的蕊柱齿；蕊柱翅在蕊柱中部向前伸展成三角形。花期 4—5 月。

生长环境： 生于海拔 200—1100m 的热带雨林或针阔混交林中的树干或岩壁上。

省内分布： 诏安县。

省外分布： 广东、广西、香港等地。

朱艺耀 / 摄

城口卷瓣兰 别名：浙杭卷瓣兰

Bulbophyllum chrondriophorum (Gagnep.) Seidenf.

石豆兰属

形态特征： 附生植物。假鳞茎卵形，长约 7.0mm，粗约 4.0mm，疏生在根状茎上。叶 1 枚，长圆形或倒卵状长圆形，长 1.5—3.5cm，宽约 6.0mm，先端钝且稍凹入。花葶从假鳞茎基部一侧发出；总状花序缩短成伞状，具 2—3 朵花；花黄色；中萼片卵状长圆形，边缘除基部以外密生疣肿状的颗粒；侧萼片斜卵形，两侧萼片的下侧边缘彼此粘合；花瓣卵状长圆形，长 3.0—4.0mm，宽约 1.0mm，边缘密生疣肿状的颗粒；唇瓣舌状，长约 2.5mm，基部具凹槽；蕊柱长约 1.5mm；蕊柱足长 2.0mm。花期 6 月。

生长环境： 生于海拔约 800m 林中树干上。

省内分布： 武夷山国家公园。

省外分布： 重庆、陕西、四川、浙江等地。

直唇卷瓣兰

Bulbophyllum delitescens Hance

石豆兰属

形态特征：附生植物。根状茎匍匐，粗 4.0mm，具分枝。假鳞茎狭卵形或近圆柱形，长 1.7—3.5cm，粗约 7.0mm，疏生在根状茎上。顶生 1 枚叶，长圆形、椭圆形或倒卵状长圆形，长 16.0—25.0cm，宽 3.5—6.0cm。花葶从假鳞茎基部一侧发出；伞形花序常具 2—4 朵花；花紫红色；中萼片卵形，先端具 1 条芒；侧萼片狭披针形，基部贴生与蕊柱足上，边缘彼此粘合，先端长渐尖；花瓣镰状披针形，长约 6.0mm，宽约 1.5mm，先端具 1 条短芒；唇瓣舌状，基部具凹槽并与蕊柱足末端连接；蕊柱短，蕊柱齿伸延成臂状。花期 4—11 月。

生长环境：生于海拔 300—1000m 的溪边林下岩石上。

省内分布：同安、龙海、漳浦、云霄、诏安、南靖、永春、仙游、永泰等地。

省外分布：广东、海南、西藏、云南等地。

莲花卷瓣兰

Bulbophyllum hirundinis (Gagnep.) Seidenf.

石豆兰属

形态特征：附生植物。假鳞茎卵球形，粗 5.0—10.0mm，疏生在根状茎上。叶 1 枚，长椭圆形或卵形，长 1.3—5.0cm，中部宽 0.6—2.0cm，基部近无柄。花葶从假鳞茎基部抽出，长 3.5—13.0cm；伞形花序具花 3—10 朵；花黄色带紫红色；中萼片卵形，边缘具红色的流苏状长缘毛，具 3 条脉；侧萼片线型，基部上方扭转而下侧边缘彼此粘合，近先端处分开；花瓣斜卵状三角形，先端锐尖，边缘具流苏状的缘毛，具 3 条脉；唇瓣舌状，红色，无毛，先端钝；蕊柱长 1.5mm；蕊柱足长约 1.5mm；蕊柱齿钻状；药帽前缘先端截形并且凹缺，具许多齿状突起。花期 7—8 月。

生长环境：附生于林中树干或林缘岩壁上。

省内分布：延平、武夷山、建瓯、永安、尤溪、屏南等地。

省外分布：安徽、广西、海南、云南等地。

瘤唇卷瓣兰

Bulbophyllum japonicum (Makino) Makino

石豆兰属

形态特征： 附生植物。假鳞茎卵球形，长 5.0—13.0mm，中部粗 4.0—8.0mm，疏生在根状茎上。叶 1 枚，长圆形或斜长圆形，长 3.0—4.5cm，宽 4.0—9.0mm，先端锐尖，基部渐狭为柄。花葶从假鳞茎基部抽出；伞形花序具 3—5 朵花；花梗连子房长约 5.0mm；花淡紫红色；中萼片卵状椭圆形；侧萼片披针形，上下侧边缘彼此靠合；花瓣近匙形，较中萼片稍短；唇瓣舌状，向外下弯，长约 3.0mm，先端黄色，扩大成拳卷状；蕊柱长约 1.0mm；蕊柱足长约 1.0mm；蕊柱齿钻状，长 0.8mm。花期 6 月。

生长环境： 附生于海拔 500—1500m 的溪边林缘岩石上。

省内分布： 延平、武夷山、建瓯、浦城、永泰、闽侯、晋安、屏南等地。

省外分布： 广东、广西、湖南、台湾等地。

广东石豆兰

Bulbophyllum kwangtungense Schltr.

石豆兰属

形态特征： 附生植物。假鳞茎近长圆形，长 1.0—2.5cm，粗约 5.0mm，疏生在根状茎上。顶生 1 枚叶，长圆形，长 2.5cm，宽 5.0—14.0mm。花葶从假鳞茎基部一侧或根状茎上发出，远高出叶外；总状花序缩短成伞状，具 2—4 朵花；花淡黄白色；中萼片狭披针形，侧萼片较中萼片稍长，基部部分贴生于蕊柱与蕊柱足上；花瓣狭卵状披针形，先端长渐尖；唇瓣狭披针形，唇盘上具 3 条细的龙骨脊至前部汇合成 1 条粗脊；蕊柱长约 0.5mm；蕊柱足长约 0.5mm，其分离部分几不可见。花期 5—8 月。

生长环境： 附生于海拔约 800m 以下的林下或溪边岩石上。

省内分布： 武夷山、泰宁、新罗、武平、连城、漳浦、平和、安溪、德化、永春、永泰、闽清、闽侯、晋安、屏南等地。

省外分布： 广东、广西、贵州、湖北、湖南、江西、云南、浙江等地。

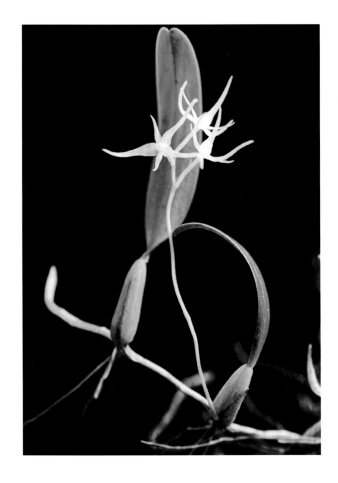

乐东石豆兰

Bulbophyllum ledungense T. Tang et F. T. Wang

石豆兰属

形态特征：附生植物。根状茎匍匐，分枝。根出自生有假鳞茎和不生假鳞茎的节上。假鳞茎圆柱状，直立，长 8.0—13.0mm，顶生 1 枚叶。叶革质，长圆形，长 1.5—3.0cm，中部宽 3.0—8.0mm，先端圆钝而稍凹入，基部收窄为柄。花葶 1—2 个，从假鳞茎基部或两假鳞茎之间的根状茎上发出，直立，纤细，长 10.0—20.0mm；总状花序缩短成伞状，具 2—5 朵花；花序柄具 3 枚膜质鞘；花苞片小，长圆形；萼片离生，质地较厚，披针形，先端渐尖，中部以上两侧边缘稍内卷，具 3 条脉；侧萼片比中萼片稍较长，基部贴生在蕊柱足上；花瓣长圆形，先端短急尖，基部稍收窄，全缘，具 3 条脉，仅中肋到达先端；唇瓣肉质，狭长圆形，先端圆钝，基部具凹槽，上面两侧各具一条紧靠边缘而纵走的龙骨脊；蕊柱粗短；蕊柱齿钻状，与药帽等高；蕊柱足长 0.8mm；药帽前缘先端具短尖。花期 6—10 月。

生长环境：附生于海拔 700—1400m 的林中树上或山坡林下岩石上。

省内分布：闽侯、晋安、蕉城、屏南等地。

省外分布：海南省。

苏享修／摄

齿瓣石豆兰
Bulbophyllum levinei Schltr.

石豆兰属

形态特征：附生植物。根状茎匍匐生根。假鳞茎聚生，近圆柱形，长 5.0—10.0mm，粗 2.0—4.0mm，在根状茎上聚生。叶 1 枚，狭长圆形或倒卵状披针形，长 3.0—4.0cm，中部宽 5.0—7.0mm。花葶从假鳞茎基部发出，高出叶外；总状花序缩短成伞状，具 4—6 朵花；花直径约 1.4cm；萼片离生；中萼片卵状披针形，边缘具细齿；侧萼片斜卵状披针形，与中萼片近等宽，基部贴生在蕊柱足上而形成萼囊，边缘全缘；花瓣卵状披针形，边缘具细齿；唇瓣披针形，长约 2.0mm，基部与蕊柱足末端连接形成不动关节；蕊柱短，蕊柱足长约 1.5mm。花期 8—11 月。

生长环境：附生于海拔 600—1500m 的溪边林下岩石上。

省内分布：闽清、闽侯、罗源、晋安、屏南、周宁、福鼎等地。

省外分布：广东、广西、湖南、江西、云南、浙江等地。

宁波石豆兰

Bulbophyllum ningboense G.Y.Li ex H.L.Lin & X.P.Li

石豆兰属

形态特征： 附生植物。假鳞茎卵球形，长为 5.0—6.0mm，具 6—8 棱，在根状茎上紧靠或分离着生，分离者彼此相距 6.0—10.0mm，顶生 1 叶。叶片硬革质，长圆形，长为 12.0—15.0mm，宽 6.0—8.0mm，先端圆钝且微凹，几无柄。花葶从假鳞茎基部抽出，远长于叶片，长为 2.5—3.5cm，中部以下有 1 个关节，关节上生有 1 枚舟状膜质鞘。伞房状花序具花 4—5 朵，苞片黄色，膜质；花黄色，中萼片卵状披针形，全缘，具 3 脉；侧萼片较短，长为 8.0—9.0mm，中上部内卷成筒状并靠拢，直伸或稍弯曲，全缘；花瓣宽卵形，长约为 2.0mm，具 3 脉，中萼片与花瓣边缘均无毛；唇瓣厚舌状，肉质，橙红色。花期 5 月。

生长环境： 附生于海拔 100—600m 的丹霞地貌的岩壁上。

省内分布： 浦城县。

省外分布： 浙江、湖北等地。

林海伦／摄

林海伦／摄

密花石豆兰

Bulbophyllum odoratissimum (J. E. Smith) Lindl.

石豆兰属

形态特征： 附生植物。根状茎粗 2.0—4.0mm，具分枝，假鳞茎卵状长圆形，长 1.0—2.7cm，宽 3.0—7.0mm，疏生在根状茎上。叶 1 枚，长圆形，长 1.9—5.5cm，宽 0.8—1.8cm，先端钝且微凹。花葶从假鳞茎一侧基部发出，与叶近等高；总状花序缩短成伞状，密生10 余朵花；子房连花梗长约 4.0mm；萼片离生，披针形；花瓣近卵形；唇瓣舌形，橘红色，基部具短爪并且与蕊柱足末端连接，边缘具细乳突，上面具 2 条密生细乳突的龙骨脊；蕊柱粗短；蕊柱齿短钝，呈三角形或牙齿状；蕊柱足橘红色。花期 5—7 月。

生长环境： 附生于海拔 200—2100m 的林下或溪边林缘岩石上。

省内分布： 武夷山、云霄、平和、南靖、安溪、永春、德化、仙游、永泰、闽清、闽侯、罗源、晋安等地。

省外分布： 广东、广西、四川、西藏、云南等地。

毛药卷瓣兰

Bulbophyllum omerandrum Hayata

石豆兰属

形态特征： 附生植物。假鳞茎卵状球形，长 0.7—1.4cm，宽 4.0—8.0mm，疏生在根状茎上。叶 1 枚，长圆形，长 1.5—5.5cm，宽 7.0—13.0mm，先端钝且微凹。花葶从假鳞茎基部抽出；伞形花序具 2—3 朵花；花黄色；中萼片卵形，先端具 2—3 条髯毛；侧萼片披针形，基部贴生在蕊柱足上，边缘全缘；花瓣卵状三角形，边缘具流苏；唇瓣舌形，长约 5.0mm，基部与蕊柱足末端连接而形成活动关节，边缘具睫毛，近先端两侧面疏生细乳突；蕊柱长约 4.0mm；蕊柱足弯曲；蕊柱齿三角形，长约 1.0mm，先端急尖呈尖牙齿状；药帽前缘具短流苏。花期 3—4 月。

生长环境： 附生于海拔 900m 以下溪边林下的岩石上。

省内分布： 永安、连城、闽侯、晋安、屏南等地。

省外分布： 广东、广西、湖北、湖南、浙江、台湾等地。

斑唇卷瓣兰

Bulbophyllum pectenveneris (Gagnep.) Seidenf.

石豆兰属

形态特征： 附生植物。假鳞茎卵球形，长 5.0—8.0mm，粗约 5.0mm，疏生在根状茎上。叶 1 枚，厚革质，长椭圆形或卵形，长 2.3—5.5cm，宽 8.0—19.0mm。花葶从假鳞茎基部一侧发出；伞形花序具 3—8 朵花；花橙红色或黄色；中萼片卵形，先端急尖而成细尾状，边缘具流苏状长缘毛；侧萼片狭披针形，长约 3.5cm，宽约 2.0mm，先端长尾状，基部贴生在蕊柱足上，并在基部上方扭转而上下侧边缘分别彼此粘合，边缘内卷，向先端渐狭为长尾状的筒，近先端处分开；花瓣斜卵圆形，边缘具缘毛；唇瓣舌状；蕊柱足向上弯曲，长约 2.0mm。花期 8—10 月。

生长环境： 附生于海拔 600m 以下溪边林缘的岩石上。

省内分布： 新罗、永泰、闽清、闽侯、罗源、连江、晋安、屏南、福安、福鼎等地。

省外分布： 安徽、广西、海南、湖北、香港、台湾等地。

屏南卷瓣兰
Bulbophyllum pingnanense J.F. Liu, S.R. Lan & Y.C. Liang

石豆兰属

形态特征：附生植物。根状茎匍匐，纤细。假鳞茎倒卵状椭圆形，长 0.6—2.5cm，直径 3.0—6.0mm，具 1 枚无柄的顶生叶。叶片长椭圆形，长 1.8—6.6cm，宽 0.6—1.2cm，先端钝或微凹。花葶生于假鳞茎基部，约 1.1cm，伞形花序具 3—5 朵花；花梗纤细，具 3 或 4 鞘；花苞片三角形，长 2.0—3.0mm；花梗和子房长约 4.0mm。花橙红色，背侧萼片凹，卵形，背面具乳突，边缘具白色的长缘毛，先端钝或锐尖；侧生萼片披针形，背面具乳突，近基部稍扭曲，下部边缘通常松散黏附，边缘无毛，先端锐尖。花瓣卵形，边缘具白色的长缘毛，先端圆形。唇瓣下弯，卵形三角形，背面深沟，基部通过一个可动的关节附着在蕊柱脚的末端。合蕊柱黄色，近圆柱状，具明显的足。花期 9—11 月。

生长环境：附生于海拔 900m 以上的常绿针阔混交林边缘陡峭的岩石上。

省内分布：政和、闽侯、屏南等地。

省外分布：未见报道。

苏享修 / 摄

藓叶卷瓣兰

Bulbophyllum retusiusculum Rchb. f.

石豆兰属

形态特征：附生植物。根状茎匍匐。假鳞茎卵状圆锥形，中部粗，顶生1枚叶，基部干后表面具皱纹或纵条棱。叶革质，长圆形或卵状披针形，大小变化较大，长1.6—8.0cm，中部宽4.0—18.0mm，先端钝并且稍凹入。花葶出自生有假鳞茎的根状茎节上，近直立，纤细，常高出叶外，长达14.0cm，伞形花序具多数花；花苞片狭披针形，舟状；花梗和子房纤细；中萼片黄色带紫红色脉纹，长圆状卵形，先端近截形并具宽凹缺，边缘全缘，具3条脉；侧萼片黄色，狭披针形，先端渐尖，基部贴生在蕊柱足上，基部上方扭转而两侧萼片的上下侧边缘分别彼此粘合并且形成宽椭圆形或长角状的"合萼"；花瓣黄色带紫红色的脉，近似中萼片，几近方形或卵形，先端圆钝，基部约2/5贴生在蕊柱足上，具3条脉；唇瓣肉质，舌形，约从中部向外下弯，先端稍钝，基部具凹槽并且与蕊柱足末端连接而形成活动关节；蕊柱长1.5—2.0mm；蕊柱足长2.5mm；蕊柱齿近三角形。花期9—12月。

生长环境：附生于海拔500—2100m的山地林中树干上或林下岩石上。

省内分布：武夷山、政和等地。

省外分布：浙江、甘肃、海南、湖南、四川、云南、西藏、台湾等地。

刘云标／摄

伞花石豆兰

Bulbophyllum shweliense W. W. Smith

石豆兰属

形态特征： 附生植物。根状茎粗 1.0mm，具分枝。假鳞茎卵状圆锥形，长 1.0—1.8cm，粗约 5.0mm，疏生在根状茎上。叶 1 枚，长圆形，长 2.0—4.0cm，宽 6.0—10.0mm；花葶从假鳞茎基部发出，等于或稍高出于叶外；总状花序缩短成伞状，具 4—10 朵花；花橙黄色；萼片近相似，披针形；侧萼片基部完全贴生在蕊柱足上；花瓣卵状披针形，先端短急尖；唇瓣舌状，长约 3.0mm；蕊柱长约 1.0mm；蕊柱足长约 2.0mm，其分离部分长 0.8—1.0mm。花期 7—8 月。

生长环境： 附生于海拔 1000—1800m 的溪边岩石上。

省内分布： 建宁、云霄、平和、德化等地。

省外分布： 广东、云南等地。

兰德庆 / 摄

永泰卷瓣兰

Bulbophyllum yongtaiense J. F. Liu, S. R. Lan & Y. C. Liang

石豆兰属

形态特征： 附生植物。根状茎匍匐，粗约 2.0mm，具分枝。假鳞茎卵球形，长约 2.0cm，宽约 1.0cm，彼此间距 5.0—10.0mm，顶生 1 枚叶，表面具纵棱及不规则皱纹。叶厚革质，卵状长椭圆形，长 2.0—5.0cm，中部宽 1.0—2.0cm，先端稍尖，正面中肋凹陷。花葶从假鳞茎下的根状茎上发出，直立，长 5.0—7.0cm，花序柄橘红色，纤细，基部被鞘；伞状花序具 4—7 朵小花，花苞片披针形，先端渐尖；花橘红色，中萼片卵状披针形，先端长渐尖；边缘具流苏状缘毛，具 5 条脉；侧萼片线状椭圆形，近上方扭转，下侧边缘彼此粘合，先端圆钝；花瓣斜卵状三角形，长 3.0mm，边缘具流苏状缘毛，先端稍尖，具 3 条脉；唇瓣肉质，舌状，长 2.0mm，外弯，先端钝，基部具乳突；蕊柱长 2.0mm，橘红色，基部两侧各具 1 个球形附属物；蕊柱足长约 2.5mm，蕊柱齿披针形，长约 1.0mm；药帽橙黄色，近半球形，先端齿状。花期 6—8 月。

生长环境： 附生于海拔 600m 以下的常绿阔叶林下阴湿的石壁上或树干上。

省内分布： 南靖、永泰、蕉城等地。

省外分布： 广东省。

云霄卷瓣兰

Bulbophyllum yunxiaoense M.H. Li, J.F. Liu & S.R. Lan

石豆兰属

形态特征： 附生植物。假鳞茎，卵球形，5棱，在根状茎上间隔2.5—3.5cm生长，长1.8—2.5cm，宽1.4—1.7cm。叶1枚，顶生，叶柄长0.5—0.8mm；叶片长圆形至狭椭圆形，长3.5—6.5cm，宽1.5—1.8cm，厚革质，先端钝或微凹。花2朵，生于假鳞茎基部，苞片卵形披针形；花开放，中萼片卵状长圆形，边缘密被紫色的长缘毛，淡绿色，具紫色斑点和脉；侧萼片灰褐色，具紫色的斑点；花瓣镰刀形，淡绿黄色，具紫色斑点；唇瓣灰绿色，基部紫色；唇瓣前部弯曲，舌状，肉质，基部有活动的关节附着于蕊柱足的末端，唇瓣两侧具黑色的短毛，中央有1个白色的纵向脊。花粉块4枚，狭卵形。花期3月。

生长环境： 附生于海拔约200m的常绿阔叶林缘的岩壁上。

省内分布： 云霄县。

省外分布： 未见报道。

朱艺耀／摄

镰翅羊耳蒜

Liparis bootanensis Griff.

羊耳蒜属

形态特征： 附生植物。根状茎匍匐。假鳞茎密生，卵状圆锥形，顶生 1 枚叶。叶狭长圆形至倒披针形，长 8.0—22.0cm，宽 1.1—1.3cm，顶端急尖，基部收狭为柄，具关节。总状花序具多数花；花序柄具翅，无毛；花黄绿色，直径约 0.8cm；中萼片狭长圆形；侧萼片斜长圆形，与中萼片近等长，较宽；花瓣线形，与中萼片近等长；唇瓣近宽长圆状倒卵形，基部具 2 枚胼胝体；蕊柱长约 3.0mm，近顶端的翅下弯成镰刀状。花期 8—10 月。

生长环境： 生于海拔 500—1800m 的溪边林下岩壁上或林中树干上。

省内分布： 延平、新罗、上杭、云霄、平和、南靖、德化、永泰、闽侯、罗源、福清、蕉城、屏南、周宁、福安等地。

省外分布： 广东、广西、贵州、海南、湖南、江西、四川、西藏、云南、台湾等地。

褐花羊耳蒜
Liparis brunnea Ormerod

羊耳蒜属

形态特征： 附生植物。假鳞茎簇生，椭圆形至近正方形，侧向压扁，长 0.5—0.7cm，宽 0.3—0.5cm，先端截短。叶 1—2 枚，卵状椭圆形至近圆形，长 1.0—1.8cm，宽 0.7—1.1cm。花序长 1.5—6.5cm，花序轴长约 2.6cm，疏生 1—5 朵花；花褐色，花梗和子房长 7.5—11.0mm；中萼片反折，线形长约 8.3mm，宽 0.7—0.8mm；侧萼片线形，长约 0.7cm；花瓣反折，丝状线形，长约 0.7cm，宽约 0.5mm；唇瓣近正方形，长约 8.5mm，基部收缩，具 1 个深 2 裂的胼胝体，顶端微凹；蕊柱细长，长约 0.4cm，基部扩大，顶端具窄翅。花期 3 月。

生长环境： 生于海拔 1500m 以上的常绿阔叶林下的岩壁上。

省内分布： 连城、德化、屏南、寿宁等地。

省外分布： 广东省。

苏享修 / 摄

锈色羊耳蒜

Liparis ferruginea Lindl.

羊耳蒜属

形态特征： 地生植物。假鳞茎很小，狭卵形。叶3—6枚，线形至披针形，膜质或草质，长20.0—33.0cm，宽8.0—12.0mm，先端急尖，近全缘，基部略收狭并下延成鞘状而互相围抱花葶基部。花葶长35.0—55.0cm，粗壮，明显高出叶面；总状花序长8.0—20.0cm，具数朵至10余朵花；花苞片披针形，花黄色，疏离；中萼片线形，边缘外卷；侧萼片斜卵状长圆形，反折；花瓣近线形，多少内弯；唇瓣倒卵状长圆形，浅黄棕色而略带淡紫色，先端宽阔而呈截形，有凹缺，基部有1对向后方伸展的耳，有2个胼胝体生于近基部处；蕊柱上部两侧具狭翅。蒴果长圆形或倒卵状长圆形；果梗长8.0—10.0mm。花期5—6月，果期8月。

生长环境： 生于低海拔的溪旁、水田或沼泽的浅水中。

省内分布： 同安、集美等地。

省外分布： 海南、广东等地。

黄毅／摄

黄毅／摄

低地羊耳蒜 别名：宝岛羊耳蒜

Liparis formosana Rchb.f.

羊耳蒜属

形态特征： 地生植物。假鳞茎簇生，圆柱形，长 10.0cm，直径 1.6cm。叶 2—4 枚，卵状椭圆形，长 10.0cm，宽 5.0cm，先端急尖，边缘稍波状。花序从当年生假鳞茎顶端抽出，长达 30.0cm。总花梗长达 16.0cm，四棱形；总状花序长达 15.5cm，密生 20 余朵花；花苞片三角状披针形，先端急尖；花梗连同子房长 1.5cm，具 6 条棱。花黄绿色晕染淡紫色。中萼片披针形，先端钝；侧萼片斜长圆状披针形，先端急尖，边缘外卷；花瓣线形，边缘外卷；唇瓣倒卵状椭圆形，基部具 2 裂的胼胝体，中上部反折，先端具短尖，边缘细齿状；蕊柱内弯，绿色；药帽紫色，长约 5.0mm，先端两侧具 2 枚三角形、基部楔形的翅。花期 3—4 月。

生长环境： 生于海拔 700m 以下的山地林下阴湿岩石上。

省内分布： 全省各地习见。

省外分布： 广东、浙江、台湾等地。

紫花羊耳蒜

Liparis gigantea C. L. Tso

羊耳蒜属

形态特征：地生植物。植株较高大。假鳞茎圆柱状，肥厚，肉质，有数节，长 8.0—20.0cm，直径可达 1.0cm，绿色。叶 3—6 枚，卵状椭圆形，草质，长 9.0—17.0cm，宽 3.5—9.0cm；花葶生于茎顶端，长 18.0—45.0cm；总状花序长 6.0—16.0cm，具数朵至 20 余朵花；花苞片很小，卵形；花深紫红色，较大；中萼片线状披针形，侧萼片卵状披针形，花瓣线形，具 1 脉；唇瓣倒卵状椭圆形，先端截形边缘有明显的细齿，基部骤然收狭并有 1 对向后方延伸的耳，近基部有 2 个胼胝体；胼胝体三角形，蕊柱两侧有狭翅。蒴果倒卵状长圆形。花期 2—5 月。

生长环境：生于海拔 500—1700m 的常绿阔叶林下或阴湿的岩石覆土上或地上。

省内分布：永定、武平、漳平等地。

省外分布：广东、海南、广西、贵州、云南、西藏、台湾等地。

王晓云 / 摄

王晓云 / 摄

长苞羊耳蒜

Liparis inaperta Finet

羊耳蒜属

形态特征： 附生植物。植株较小。假鳞茎稍密集，卵形，顶生 1 枚叶。叶倒披针状长圆形至近长圆形，纸质，长 2.0—7.0cm，宽 6.0—13.0mm，先端渐尖，基部收狭成柄，具关节。花序柄具狭翅，下部无不育苞片；总状花序具数朵花；花淡绿色；中萼片近长圆形，先端钝；侧萼片近卵状长圆形，斜歪，较中萼片略短而宽；花瓣线形，镰状，与中萼片近等长较狭；唇瓣不裂，近长圆形，先端近截形并具不规则细齿，近中央具细尖，无胼胝体；蕊柱长约 2.5mm，稍向前弯曲，上部具略呈钩状的翅。花期 9—10 月。

生长环境： 生于林下或山谷水旁的岩石上。

省内分布： 建阳、武夷山、新罗、上杭、德化、仙游、永泰、闽清、闽侯、晋安、福鼎等地。

省外分布： 广西、贵州、江西、四川、浙江等地。

广东羊耳蒜
Liparis kwangtungensis Schltr.

羊耳蒜属

形态特征： 附生植物。植株较矮小。假鳞茎稍密集，近卵形或卵圆形，长 5.0—7.0mm，粗 3.0—5.0mm，顶生 1 枚叶。叶近椭圆形或长圆形，先端渐尖，基部收狭成柄，具关节。花序柄具狭翅，下部无不育苞片；总状花序具数朵花；花苞片狭披针形，与子房连花梗近等长；花绿黄色；萼片宽线形，先端钝；侧萼片比中萼片略短而宽；花瓣狭线形，较中萼片略短；唇瓣倒卵状长圆形，先端近截形并具不规则细齿，中央具短尖，基部具 1 枚胼胝体；蕊柱长约 2.5mm，稍向前弯曲，上部具略呈钩状的翅。花期 10 月。

生长环境： 生于海拔 1000m 的林下或溪谷旁岩石上。

省内分布： 连城县。

省外分布： 广东省。

林青青／摄

见血青

Liparis nervosa (Thunb. ex A.murray) Lindl.

羊耳蒜属

形态特征：地生植物。假鳞茎圆柱形，具数节，长 2.0—8.0cm，粗 0.5—0.7cm。叶 3—5 枚，卵形至卵状椭圆形，边缘常波状，无关节。总状花序常具数朵至 10 余朵花，偶尔可达数十朵；花小，直径约 1.5cm，紫色或黄绿色；花序柄具狭翅；中萼片线形或宽线形，侧萼片狭卵状长圆形，稍斜歪，花瓣丝状，唇瓣长圆状倒卵形，基部具 2 枚胼胝体；蕊柱长约 4.5mm，上部两侧有狭翅。花期 4—7 月。

生长环境：生于海拔 600—2000m 的阔叶林下、毛竹林下或溪边岩壁上。

省内分布：全省各地习见。

省外分布：广东、广西、贵州、湖北、湖南、江西、四川、西藏、云南、浙江、台湾等地。

香花羊耳蒜

Liparis odorata (Willd.) Lindl.

羊耳蒜属

形态特征：地生植物。假鳞茎近卵形，长 1.3—2.2cm，粗 1.0—1.5cm，具节。叶 2—3 枚，狭长圆形至卵状披针形，无关节。总状花序具数朵至 10 余朵花；花苞片披针形，长 4.0—6.0mm；花黄绿色；中萼片线状长圆形，长约 7.0mm，宽约 1.5mm；侧萼片卵状长圆形，与中萼片近等长，稍宽；花瓣线形，与萼片近等长；唇瓣倒卵状楔形，上部边缘有细齿，基部具 2 枚胼胝体；蕊柱长约 4.5mm，两侧具狭翅。花期 4—7 月。

生长环境：生于海拔 600—1800m 的林下、草丛或灌丛下。

省内分布：建宁、将乐、上杭、柘荣等地。

省外分布：广东、广西、贵州、海南、湖北、湖南、江西、四川、西藏、云南、台湾等地。

长唇羊耳蒜

Liparis pauliana Hand. —Mazz.

羊耳蒜属

形态特征:地生兼附生植物。假鳞茎卵形,长 1.0—2.5cm,直径 8.0—15.0mm。叶通常 2 枚,卵形至椭圆形,长 2.7—9.0cm,宽 1.5—5.0cm,先端急尖,边缘皱波状并具不规则细齿;花葶长 7.0—28.0cm,花序柄两侧有狭翅;总状花序疏生数朵花,花苞片卵状披针形,花淡紫色,萼片为淡黄绿色;萼片线状披针形,侧萼片稍斜歪;花瓣近丝状,长 1.6—1.8cm,宽约 0.3mm,具 1 脉;唇瓣倒卵状椭圆形,长 1.5—2.0cm,宽 1.0—1.2cm,先端钝,近基部有 2 条短的纵褶片;蕊柱向前弯曲,顶端具翅,基部扩大、肥厚。蒴果倒卵形,上部有 6 条翅。花期 4—5 月,果期 10—11 月。

生长环境:生于海拔 600—1200m 的林下阴湿处或岩石缝中。

省内分布:武夷山、光泽、政和、尤溪、屏南等地。

省外分布:浙江、江西、湖北、湖南、广东、广西、贵州等地。

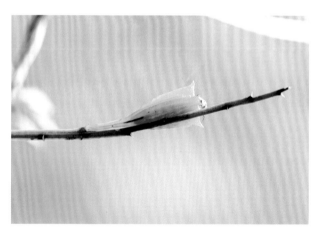

秉滔羊耳蒜

Liparis pingtaoi G.D.Tang, X.Y.Zhuang & Z.J.Liu   [*Cestichis pingtaoi* G.D.Tang, X.Y.Zhuang & Z.J.Liu]

羊耳蒜属

形态特征：附生植物。假鳞茎密集，卵形，长 1.2—2.3cm，粗 7.0—10.0mm，顶端具 1 叶。叶线形，长 17.0—23.0cm，宽 7.0—9.0mm。花序由当年生新芽顶端抽出，总状，具 10—20 朵花；花序柄两侧具翅，花苞片狭披针形，花梗连子房边缘具狭翅；花黄绿色；中萼片卵状披针形，边缘向下反卷，具 1 脉；侧萼片边缘向下反卷，具 1 脉；花瓣线形，唇瓣 3 裂，基部增厚并有凹陷；蕊柱稍向前弯，无翅。花药 2 室。花期 10—11 月。

生长环境：生于海拔 500m 以下溪边林下的岩壁上。

省内分布：永泰、闽侯、罗源、晋安、蕉城、屏南等地。

省外分布：云南、浙江等地。

长茎羊耳蒜

Liparis viridiflora (Bl.) Lindl.

羊耳蒜属

形态特征： 附生植物。假鳞茎圆柱形，向上渐狭，长
7.0—18.0cm，直径3.0—8.0mm，顶生2枚叶。叶狭倒
披针形或狭长圆形，长8.0—25.0cm，宽1.2—3.0cm，
基部收狭成柄，有关节。总状花序密生数十朵花；
花小，黄绿色；中萼片狭长圆形，侧萼片与中萼片近
等长，稍宽；花瓣线形，与萼片近等长；唇瓣卵
状长圆形，无胼胝体；蕊柱先端具翅，基部略扩大。
花期9—12月。

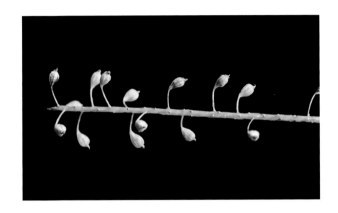

生长环境： 生于海拔200—1800m的溪边林下岩石上
或林中树干上。

省内分布： 同安、平和、云霄、诏安、南靖、安溪、德化、
永春、永泰、闽侯、晋安、蕉城等地。

省外分布： 广东、广西、海南、四川、西藏、云南、
台湾等地。

浅裂沼兰

Crepidium acuminatum (D. Don) Szlachetko

沼兰属

形态特征：地生植物。肉质茎圆柱形，具数节，大部分为叶鞘所包裹。叶3—5枚，斜卵形、卵状长圆形或近椭圆形，长6.0—12.0cm，宽2.5—6.0cm，先端渐尖，基部收狭成柄；总状花序顶生，具多数花；中萼片狭长圆形，先端钝，两侧边缘外卷，具3脉；侧萼片长圆形，先端钝，边缘亦外卷；花瓣狭线形，边缘外卷；唇瓣位于上方，整个轮廓为卵状长圆形或倒卵状长圆形，由前部和一对向后方延伸的尾组成，全长1.0—1.1cm；前部中央有凹槽，先端2浅裂，裂口深1.0mm；耳近狭卵形，占唇瓣全长的1/5—2/5；蕊柱粗短。花期5—7月。

生长环境：生于海拔300—2100m的林下、溪谷旁或阴蔽处的岩石上。

省内分布：泰宁、沙县、新罗、上杭、武平、平和、闽清、屏南等地。

省外分布：广东、贵州、西藏、云南、台湾等地。

深裂沼兰

Crepidium purpureum (Lindley) Szlachetko

沼兰属

形态特征：地生植物，具肉质茎。肉质茎圆柱形，具数节，包裹于叶鞘之内。叶常 3—4 枚，斜卵形，基部收狭成柄；花葶直立，长 15.0—25.0cm；总状花序长 7.0—15.0cm，具 10—30 朵花或更多；花苞片披针形，花红色或偶见浅黄色，直径 8.0—10.0mm；中萼片近长圆形，先端钝；侧萼片宽长圆形，花瓣狭线形，唇瓣位于上方，整个轮廓近卵状矩圆形，由前部和一对向后伸展的耳组成；前部通常在中部两侧骤然收狭而多少成肩状，中央有 1 个凹槽，上面偶见稀疏的腺毛，先端 2 深裂，裂口深 1.5—2.5mm；耳卵状披针形，长度占唇瓣全长的 2/5—1/2；蕊柱粗短，长约 1.0mm。花期 6—7 月。

生长环境：生于海拔 450—1600m 的林下或灌丛中的阴湿处。

省内分布：同安、南靖、德化等地。

省外分布：广西、四川、云南等地。

无耳沼兰

Dienia ophrydis (J. Koenig) Ormerod & Seidenfaden

无耳沼兰属

形态特征：地生植物。茎圆柱形，长 2.0—10.0cm，具数节。叶 4—5 枚，椭圆形、卵形或披针形，长 7.0—16.0cm，宽 4.0—9.0cm，基部收狭成柄；叶柄鞘状，抱茎。总状花序密生多数花；花序轴具狭翅；花小；中萼片长圆形，侧萼片与中萼片相似；花瓣线形，与萼片近等长，较狭；唇瓣卵形，舟状，先端收狭或浅 3 裂；中裂片狭长圆形；侧裂片很短或不甚明显。花期 7—8 月。

生长环境：生于海拔 100—1800m 的林下、灌丛或溪谷边。

省内分布：同安、漳浦、云霄、诏安、南靖、泉港、安溪、德化、永春、惠安、永泰等地。

省外分布：广东、广西、海南、云南、台湾等地。

小沼兰

Oberonioides microtatantha (Schlechter) Szlachetko

小沼兰属

形态特征： 附生植物。假鳞茎小，卵形，长 3.0—8.0mm，直径 2.0—7.0mm，顶生叶 1 枚。叶卵形或近圆形，长 1.0—2.0cm，宽 5.0—13.0mm，具短柄。总状花序具 10 余朵花；花序柄两侧具狭翅；花小，黄绿色，直径约 1.5mm；中萼片长圆形，侧萼片与中萼片近等长；花瓣线形或线状披针形，较萼片稍短；唇瓣 3 裂；中裂片卵状三角形；侧裂片线形；蕊柱粗短。花期 4 月。

生长环境： 生于海拔 200—800m 的溪边林下阴湿的岩壁上。

省内分布： 武夷山、永安、新罗、上杭、长汀、连城、南靖、永春、永泰、闽侯、罗源、连江、晋安、鼓楼等地。

省外分布： 江西、台湾等地。

无齿鸢尾兰

Oberonia delicata Z. H. Tsi et S. C. Chen

鸢尾兰属

形态特征： 附生植物。茎长1.0—2.0cm。叶5—6枚，剑形，长0.8—2.0cm，宽约3.5mm，先端急尖，边缘多少波状，基部无关节。总状花序密生多数花；花苞片披针形；花梗连子房短于花苞片；花淡红色；中萼片卵状椭圆形，侧萼片较中萼片长而宽；花瓣卵形或长圆状卵形，先端钝，全缘，具多脉；唇瓣3裂；中裂片倒卵形或宽倒卵形，先端微凹或有时凹缺中有细尖；侧裂片近狭卵状披针形，先端尖；蕊柱短，上部稍扩大。花期8月。

生长环境： 生于海拔800—2100m的林中树干上。

省内分布： 武夷山国家公园。

省外分布： 云南省。

安昌／摄

小叶鸢尾兰

Oberonia japonica (Maxim.) Makino

鸢尾兰属

形态特征：附生植物。茎长 1.0—2.0cm。叶数枚，线状披针形，稍镰刀状，长 1.0—2.5cm，宽约 2.5mm，先端尖，基部无关节。总状花序密生多数小花；花苞片卵状披针形；花梗连子房常略长于花苞片；花小，直径不到 1.0mm，黄绿色至橘红色；萼片宽卵形，长约 0.5mm，宽约 0.4mm；侧萼片常较中萼片大；花瓣近长圆形，与萼片近等长较狭，先端钝；唇瓣 3 裂，长圆状卵形；中裂片椭圆形或近圆形，先端微凹或中央偶具 1 小齿；侧裂片卵状三角形，斜展。花期 4—7 月。

生长环境：生于海拔 650—1700m 的林中树上或岩石上。

省内分布：武夷山国家公园。

省外分布：云南省。

小花鸢尾兰

Oberonia mannii Hook. f.

鸢尾兰属

形态特征： 附生植物。茎长 1.5—7.0cm。叶 5—9 枚，线形，多少镰曲，长 1.0—3.0cm，宽约 1.5mm，先端渐尖，下部内侧有较宽的干膜质边缘，基部无关节。总状花序具数十朵花；花苞片卵状披针形，先端长渐尖，边缘略有钝齿；花梗连子房略长于花苞片；花绿黄色或浅黄色，直径约 1.0mm；中萼片卵形，先端钝；侧萼片较中萼片略宽；花瓣近长圆形，较长于萼片，边缘多少呈不甚明显的啮蚀状；唇瓣 3 裂，近长圆形；中裂片先端深裂成叉状；小裂片披针形，侧裂片卵形，先端钝；蕊柱粗短。花果期 3—6 月。

生长环境： 生于海拔 1500—2100m 的林中树干上。

省内分布： 武夷山、永安等地。

省外分布： 西藏、云南等地。

密花鸢尾兰

Oberonia seidenfadenii (H.J.Su) Ormerod

鸢尾兰属

形态特征: 附生植物。根状茎匍匐,粗约1.0mm,分枝,几乎被鞘所包裹。茎直立或斜立,彼此相距6.0—15.0mm,具3—5枚叶。叶2列套叠,两侧压扁,卵状披针形,长8.0—15.0mm,宽4.0—7.0mm,基部具关节。花序从叶丛中央抽出,比叶长,长1.5—2.5cm,密生多数小花,花绿白色。花苞片卵形,长1.2—1.5mm,边缘啮蚀状;萼片卵形,花瓣线状倒披针形,唇瓣3裂,基部稍下延并围抱蕊柱,中部凹陷成囊状,侧裂片位于基部两侧,卵状三角形,长约1.2mm,边缘具啮蚀状齿,中裂片先端2裂,小裂片三角形。花期9—10月。

生长环境: 生于海拔400—1500m的林中树上或岩壁上。

省内分布: 永泰、连江等地。

省外分布: 浙江、广西、广东、台湾等地。

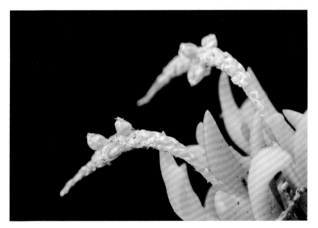

冬凤兰

Cymbidium dayanum Rchb. f.

兰属

形态特征：附生植物。植株丛生，假鳞茎近梭形。叶4—9枚，带形，坚纸质，长32.0—60.0cm，宽0.7—1.3cm，先端渐尖，具关节。花葶俯垂；总状花序具8—12朵花；花无香气；萼片与花瓣白色，中央具1条栗色条纹；萼片狭长圆状椭圆形，长约3.0cm，宽约7.0mm；花瓣狭卵状长圆形较萼片稍短略狭；唇瓣3裂，除基部和中裂片中央部分为白色外，其余均为栗红色；花粉团2个，近三角形。花期8—12月。

生长环境：生于海拔300—1600m的林中树干上。

省内分布：新罗、南靖、德化等地。

省外分布：广东、广西、海南、云南、台湾等地。

保护级别：国家二级保护野生植物。

落叶兰

Cymbidium defoliatum Y. S. Wu et S. C. Chen

兰属

形态特征： 地生植物。假鳞茎小，常数个聚生成根状茎状。叶2—4枚，生于最前面的1个假鳞茎基部，带状，冬季凋落，春季长出。总状花序具2—4朵花；花小，有香气，直径2.0—3.0cm，色泽变化较大；萼片近狭长圆形，花瓣近狭卵形，较萼片短略狭；唇瓣近不明显3裂，近中裂片基部处具2条纵褶片。花期6—8月。

生长环境： 生于海拔600—800m的林下。

省内分布： 邵武市。

省外分布： 贵州、四川、云南等地。

保护级别： 国家二级保护野生植物。

黄春晓 / 摄

黄春晓 / 摄

建兰

Cymbidium ensifolium (L.) Sw.

兰属

形态特征： 地生植物。假鳞茎卵球形，长1.5—2.5cm，宽1.0—1.5cm。叶2—4枚，带形，长30.0—60.0cm，宽1.0—1.5cm，基部具关节。花葶低于叶层；总状花序具3至数朵花；花苞片除最下面的一枚较长外，其余均不及花梗连子房长度的一半；花色泽变化较大，具香气，直径约5.0cm；萼片狭长圆形，花瓣较萼片短而宽；唇瓣不明显3裂，唇盘上具2条褶片；花粉团4个，成2对。蒴果狭椭圆形，长约5.0cm。花期6—10月。

生长环境： 生于海拔300—1800m的林下或溪边山坡碎石缝中。

省内分布： 全省各地习见。

省外分布： 安徽、广东、广西、贵州、海南、湖北、湖南、江西、四川、西藏、云南、浙江、台湾等地。

保护级别： 国家二级保护野生植物。

蕙兰

Cymbidium faberi Rolfe

兰属

形态特征：地生植物。假鳞茎不明显。叶5—8枚，带形，长25.0—80.0cm，宽0.7—1.2cm，具透明叶脉，边缘有粗锯齿，基部不具关节，常对折呈"V"形。总状花序具6朵至十余朵花；花淡黄绿色，直径约6.0cm，具香气；萼片长圆状披针形，花瓣与萼片相似，略短而稍宽；唇瓣不明显3裂，唇盘上具2条纵褶片，中裂片上具透明发亮的乳突，边缘皱波状；花粉团4个，成2对。花期3—5月。

生长环境：生于海拔700—2100m的林下湿润、排水良好的地方。

省内分布：武夷山、邵武、光泽、泰宁、屏南等地。

省外分布：安徽、甘肃、广东、广西、贵州、河南、湖北、湖南、江西、陕西、四川、西藏、云南、浙江、台湾等地。

保护级别：国家二级保护野生植物。

多花兰

Cymbidium floribundum Lindl.

兰属

形态特征：附生植物。植株丛生，假鳞茎卵球形。叶3—6枚，直立性强，带形，质地较硬，长22.0—50.0cm，宽0.8—1.8cm，基部具关节。花葶俯垂；总状花序具20余朵至更多花；花直径约3.5cm，无香气；萼片与花瓣红褐色；萼片长圆状披针形，花瓣长椭圆形，较萼片稍短；唇瓣3裂，中裂片与侧裂片上有紫红色斑，基部黄色；花粉团2个，具深裂隙。蒴果较小，长约3.5cm。花期4—8月。

生长环境：生于海拔100—2100m的林中树干上或林缘岩石上。

省内分布：延平、邵武、武夷山、光泽、建宁、泰宁、长汀、连城、南靖、德化、永泰、闽清、闽侯、晋安、屏南等地。

省外分布：广东、广西、贵州、湖北、湖南、江西、四川、西藏、云南、浙江、台湾等地。

保护级别：国家二级保护野生植物。

春兰
Cymbidium goeringii (Rchb. f.) Rchb. f.

兰属

形态特征： 地生植物。假鳞茎较小，卵球形，长1.0—2.5cm，宽1.0—1.5cm。叶4—7枚，带形，长20.0—40.0cm，宽5.0—9.0mm，边缘具细齿。花序具单朵花，稀2花；花淡黄绿色，直径5.0—7.0cm，具香气；萼片近长圆形，花瓣卵状披针形，与萼片近等宽，较短；唇瓣不明显3裂，唇盘具2条纵褶片；花粉团4个，成2对。蒴果狭椭圆形，长约8.0cm。花期1—3月。

生长环境： 生于海拔700—2100m的林下多石山坡、林中透光处。

省内分布： 延平、武夷山、顺昌、上杭、武平、南靖、安溪、德化、闽清、蕉城、屏南、周宁等地。

省外分布： 安徽、甘肃、广东、广西、贵州、河南、湖北、湖南、江苏、江西、陕西、四川、云南、浙江、台湾等地。

保护级别： 国家二级保护野生植物。

寒兰

Cymbidium kanran Makino

兰属

形态特征： 地生植物。假鳞茎卵球形或长圆形，长 1.6—3.8cm，宽 1.0—1.8cm。叶 3—5 枚，带形，长 40.0—70.0cm，宽 8.0—18.0mm，先端边缘常具细齿，基部具关节。总状花序疏生 3 朵至十余朵花；花苞片近等长于花梗连子房；花常为淡黄绿色，直径 6.0—8.0cm，具香气；萼片线状披针形，先端渐尖；花瓣较萼片短而宽；唇瓣不明显的 3 裂，唇盘上具 2 条纵褶片；花粉团 4 个，成 2 对。蒴果狭椭圆形，长约 5.0cm。花期 8—12 月。

生长环境： 生于海拔 400—2100m 的林下或溪谷边阴湿处。

省内分布： 建阳、邵武、武夷山、顺昌、连城、平和、德化、永泰、闽清、罗源、闽侯、福清、晋安、古田、屏南、周宁、寿宁、福安、柘荣等地。

省外分布： 安徽、广东、广西、贵州、海南、湖南、江西、四川、西藏、云南、浙江、台湾等地。

保护级别： 国家二级保护野生植物。

兔耳兰

Cymbidium lancifolium Hook.

兰属

形态特征： 半附生植物。假鳞茎近扁圆柱形，长 2.0—7.0cm，宽 0.5—1.0cm，有节。叶 2—3 枚，倒披针形或狭椭圆形，长 6.0—20.0cm，宽 2.5—4.0cm，基部具明显叶柄。总状花序具 2—6 朵花；花常白色至淡绿色，直径约 4.5cm；萼片倒披针状长圆形，花瓣白色，具紫红色中脉，较萼片短而宽；唇瓣不明显 3 裂，唇盘上具 2 条纵褶片；花粉团 4 个，呈 2 对。花期 5—8 月。

生长环境： 生于海拔 300—1800m 的林下或溪边林下岩壁上。

省内分布： 尤溪、新罗、上杭、诏安、南靖、德化、仙游、永泰、闽侯、罗源、晋安、屏南等地。

省外分布： 广东、广西、贵州、海南、湖南、四川、西藏、云南、浙江、台湾等地。

墨兰

Cymbidium sinense (Jackson ex Andr.) Willd.

兰属

形态特征： 地生植物。假鳞茎卵球形，长2.5—6.0cm，宽1.5—2.5cm。叶3—5枚，带形，长45.0—80.0cm，宽2.0—3.0cm，基部具关节。花葶高于叶层；总状花序具10余朵花；花苞片除花序最下面一枚较长外，其余均不及花梗连子房长度的一半；花常为暗紫色或紫褐色，直径约6.0cm，具香气；萼片狭椭圆形，花瓣近狭卵形，较萼片短而宽；唇瓣不明显3裂，近卵状长圆形；花粉团4个，成2对。蒴果狭椭圆形，长约7.0cm。花期12月至翌年3月。

生长环境： 生于海拔300—1500m的林下。

省内分布： 漳浦、云霄、平和、南靖等地。

省外分布： 安徽、广东、广西、贵州、海南、江西、四川、云南、台湾等地。

保护级别： 国家二级保护野生植物。

美冠兰

Eulophia graminea Lindl.

美冠兰属

形态特征：地生植物。假鳞茎卵球形，直立，常带绿色，多少露出地面，上部有数节，有时多个假鳞茎聚生成簇团，直径达 20.0—30.0cm。叶 3—5 枚，线状披针形，叶柄套叠而成短的假茎，外有数枚鞘。花葶从假鳞茎一侧节上发出，高 43.0—65.0cm 或更高；总状花序直立，长 20.0—40.0cm，常有 1—2 个侧分枝，疏生多数花；花苞片草质，线状披针形；花橄榄绿色，唇瓣白色而具淡紫红色褶片；中萼片倒披针状线形；侧萼片与中萼片相似，花瓣近狭卵形；唇瓣近倒卵形，3 裂；中裂片近圆形，唇盘上有 5 条纵褶片，从基部延伸至中裂片上，从接近中裂片开始一直到中裂片上褶片均分裂成流苏状；基部的距圆筒状，略向前弯曲；蕊柱长 4.0—5.0mm，无蕊柱足。蒴果下垂，椭圆形。花期 4—5 月，果期 5—6 月。

生长环境：生于海拔 50—1200m 疏林中的草地上、山坡阳处、海边沙滩林中。

省内分布：翔安、集美、芗城、闽侯、福清、晋安等地。该种系草坪移植过程无意引入，现已归化，能正常开花和结果。

省外分布：安徽、广东、海南、广西、贵州、云南、香港、台湾等地。

无叶美冠兰

Eulophia zollingeri (Rchb. f.) J. J. Smith

美冠兰属

形态特征：菌类寄生植物，无绿叶。假鳞茎块状，近长圆形，长 3.0—8.0cm，粗 1.5—2.0cm。花葶侧生，褐红色，具多枚鞘；总状花序直立，疏生数朵至 10 余朵花；花苞片狭披针形，长约 2.5cm；花褐黄色；中萼片椭圆状长圆形，侧萼片近长圆形，稍斜歪；花瓣倒卵形，先端具短尖；唇瓣 3 裂，近倒卵形或长圆状倒卵形，生于蕊柱足上，唇盘上具乳突状腺毛及 2 条近半圆形的褶片，基部具长约 2.0mm 圆锥形囊；中裂片卵形，密生乳突状腺毛；侧裂片近卵形或长圆形，多少围抱蕊柱；蕊柱长约 5.0mm；蕊柱足长约 4.0mm。花期 4—7 月。

生长环境：生于海拔 400—1800m 的疏林下或草坡上。

省内分布：顺昌、将乐、沙县、新罗、长汀、连城、安溪、南安、永泰、闽清、晋安、蕉城、屏南等地。

省外分布：广东、广西、江西、云南、台湾等地。

长叶山兰

Oreorchis fargesii Finet

山兰属

形态特征： 地生植物。假鳞茎椭圆形，直径 1.0—1.5cm，具 2—3 节。叶 2 枚，线状披针形，长 20.0—35.0cm，宽 0.6—1.7cm，纸质，先端渐尖，基部收狭成柄，具关节，关节下方由叶柄套叠成假茎状。总状花序具 10 余朵或更多花；花通常白色并有紫纹；萼片长圆状披针形，先端渐尖；侧萼片镰状披针形，较中萼片稍宽；花瓣斜卵状披针形，唇瓣 3 裂，基部具爪；中裂片卵状棱形，前部边缘多少皱波状，先端有不规则缺刻，下半部边缘多少具细缘毛，较少近无毛；侧裂片线形，边缘多少具细缘毛；唇盘上在两枚侧裂片之间具 1 条短褶片状胼胝体；蕊柱长约 3.0mm，基部稍扩大。花期 5—6 月。

生长环境： 生于海拔 700—2100m 的林下或沟谷旁。

省内分布： 武夷山国家公园。

省外分布： 甘肃、湖北、湖南、陕西、四川、云南、浙江、台湾等地。

宽距兰

Yoania japonica Maxim.

宽距兰属

形态特征：菌类寄生植物。植株高约 10.0cm，根状茎具分枝。茎直立，淡红白色，散生数枚鳞片状鞘，无绿叶。总状花序顶生，具 3—7 朵花；花苞片卵形或宽卵形，长约 7.0mm；花梗连子房较花苞片长许多；花淡红紫色；萼片卵状长圆形或卵状椭圆形，先端钝；花瓣宽卵形，唇瓣凹陷成舟状，前部平展为卵形，具乳突；距宽阔，与唇瓣前部平行，向前伸展，顶端钝；蕊柱宽而扁，长约 1.2cm；蕊柱足短。花期6—7月。

生长环境：生于海拔 800—2000m 的林下。

省内分布：武夷山国家公园、上杭县。

省外分布：江西、台湾等地。

茫荡山丹霞兰

Danxiaorchis mangdangshanensis Q.S.Huang,Miao Zhang,B. Hua Chen & Wang Wu

丹霞兰属

形态特征：菌类寄生植物。植株高 10.0—23.0cm。块茎圆柱形，粗约 1.0cm，具短的分枝。无绿叶。花葶直立，棕红色，具 2—3 枚紧抱茎的鞘，圆柱形；花序具 4—10 朵花，花黄色；花苞片长圆状披针形；中萼片倒卵状披针形，长 18.0—26.0mm，宽 6.0—9.0mm；侧萼片卵状椭圆形，17.0mm×6.5mm；花瓣狭椭圆形，17.0mm×6.3mm；唇瓣 3 裂，侧裂片直立，稍围抱蕊柱，近方形，乳白色，长 6.0mm，宽 6.0mm，内面具 3 对淡紫红色条纹，中裂片长圆形，10.0mm×8.0mm，下面具紫红色斑点，基部具 2 个浅囊，中部前端"Y"形的附属物不甚明显，正面有 3 个紫黑色斑点，附属物从唇瓣基部延伸至中裂片基部；蕊柱半圆状，两侧有狭翅，长约 5.0mm，无蕊柱足；花粉块 4 个，由大小相等的 2 对组成。蒴果紫红色，纺锤形，有 3 条粗棱。种子浅棕色，圆柱形，种皮表面有蜂窝状的纹饰。花期 4—5 月。

生长环境：生于海拔 400—500m 的林下湿地上。

省内分布：延平区。

省外分布：未见报道。

保护级别：国家二级保护野生植物。

吴旺／摄

吴旺／摄

杜鹃兰

Cremastra appendiculata (D. Don) Makino

杜鹃兰属

形态特征： 地生植物。假鳞茎卵球形，有关节，外被撕裂成纤维状的残存鞘。叶常 1 枚，生于假鳞茎顶端，叶狭椭圆形，长 18.0—34.0cm，宽 5.0—8.0cm；叶柄长 7.0—17.0cm。花葶从假鳞茎上部节上发出，近直立，长 27.0—70.0cm；总状花序长 10.0—25.0cm，具 5—22 朵花；花苞片卵状披针形，花常偏花序一侧，多少下垂，不完全开放，有香气，狭钟形，淡紫褐色；萼片倒披针形，侧萼片略斜歪；花瓣倒披针形，唇瓣与花瓣近等长，线形，上部 1/4 处 3 裂；侧裂片近线形，中裂片卵形，基部在两枚侧裂片之间具 1 枚肉质突起；蕊柱细长。蒴果近椭圆形，下垂。花期 5—6 月，果期 9—12 月。

生长环境： 生于海拔 500—1800m 的林下湿地或沟边湿地上。

省内分布： 建宁、泰宁等地。

省外分布： 山西、陕西、甘肃、江苏、安徽、浙江、江西、河南、湖北、湖南、广东、四川、贵州、云南、西藏、台湾等地。

保护级别： 国家二级保护野生植物。

云叶兰

Nephelaphyllum tenuiflorum Bl.

云叶兰属

形态特征： 地生植物。植株匍匐状。根状茎肉质。假鳞茎貌似叶柄状，肉质，细圆柱形，长 1.0—2.0cm，顶生 1 枚叶。叶卵状心形，稍肉质，长 2.2—4.0cm，基部宽 1.3—3.5cm，先端急尖或近骤尖，基部近心形，无柄。花葶出自于根状茎末端一节的假鳞茎基部侧旁，长 9.0—20.0cm；总状花序疏生 1—3 朵花；花序柄基部较肥厚；花苞片膜质，披针形，花张开，绿色带紫色条纹；萼片近相似，倒卵状狭披针形，先端短渐尖，具 1 条脉；花瓣匙形，等长于萼片而稍宽，具 3 条脉；唇瓣近椭圆形，不明显 3 裂；中裂片近半圆形并具皱波状的边缘，先端微凹，基部具囊状距；唇盘密布长毛，近先端处簇生流苏状的附属物；距长 3.0mm，末端稍凹入；蕊柱稍扁，长约 6.0mm。花期 6 月。

生长环境： 生于海拔约 600m 的林下阴湿地。

省内分布： 南靖县。

省外分布： 海南、云南、香港等地。

朱艺耀 / 摄

朱艺耀 / 摄

朱艺耀 / 摄

心叶带唇兰　　别名：心叶球柄兰

Tainia cordifolium Hook. f.

带唇兰属

形态特征： 地生植物。假鳞茎似叶柄状，长 8.0cm，顶生 1 枚叶。叶卵状心形，上面灰绿色带深绿色斑块，背面具粉白色条纹，长 6.0—15.7cm，宽 3.0—8.8cm，基部心形。总状花序具 3—5 朵花；花中等大，直径约 5.5cm；中萼片披针形，侧萼片与中萼片近等大，基部贴生于蕊柱足而形成宽钝的萼囊；花瓣披针形，与萼片近等长，唇瓣 3 裂，近卵形；唇盘具 3 条黄色褶片，从基部延伸至近中裂片先端处；蕊柱长约 1.0cm，基部具长蕊柱足；蕊柱翅宽阔，向下延伸到蕊柱足基部。花期 5—7 月。

生长环境： 生于海拔 100—1000m 的林下阴湿处或林缘下灌木丛中。

省内分布： 武夷山、三元、新罗、永定、漳浦、云霄、平和、南靖、同安、安溪、德化、永春、仙游、涵江、永泰、闽侯、罗源、晋安等地。

省外分布： 广东、广西、云南、台湾等地。

带唇兰

Tainia dunnii Rolfe

带唇兰属

形态特征： 地生植物。假鳞茎圆柱形，暗紫色，长 1.0—6.0cm，顶生 1 枚叶。叶椭圆状披针形，长 12.0—35.0cm，宽 0.6—6.0cm，基部渐狭为长柄。总状花序具 10 余朵花；花淡黄色或棕紫色，直径约 2.4cm；中萼片狭长圆状披针形，侧萼片狭长圆状镰刀形，与中萼片近等长，基部贴生于蕊柱足而形成明显的萼囊；花瓣与萼片近等长而较宽；唇瓣 3 裂，近圆形，中裂片横长圆形，先端平截或中央稍凹缺；侧裂片镰状长圆形；唇盘上具 3 条褶片，两侧的褶片呈弧形，较高，中央的褶片为龙骨状；蕊柱长 8.0mm，具蕊柱足；药帽先端两侧各具 1 枚紫色的圆锥状突起物。花期 3—4 月。

生长环境： 生于海拔 250—1900m 的林下、林缘草丛中。

省内分布： 全省各地习见。

省外分布： 广东、广西、贵州、海南、湖南、江西、四川、浙江、台湾等地。

阔叶带唇兰

Tainia latifolia (Lindl.) Rchb. f.

带唇兰属

形态特征： 地生植物。假鳞茎圆柱状长卵形，长约
7.0cm，顶生 1 枚叶。叶椭圆形或椭圆状披针形，长
18.0—32.0cm，宽 5.0—7.0cm，基部收狭为长柄。总
状花序疏生多数花；花具香气，萼片和花瓣深褐色；
中萼片狭长圆形，侧萼片与中萼片近等大，狭镰刀状
长圆形，基部贴生于蕊柱足而形成明显的萼囊；花瓣
与萼片近等长而较宽；唇瓣 3 裂，倒卵形；中裂片近
圆形或倒卵形，先端稍有凹缺；侧裂片卵状三角形；
唇盘从基部向中裂片先端纵贯 3 条褶片，中央的 1 条
较窄，两侧的较宽，呈弧形；蕊柱长约 7.0mm，基部
具长约 2.0mm 的蕊柱足；药帽顶端两侧各具 1 个紫红
色附属物。花期 9—10 月。

生长环境： 生于海拔约 300m 密林下。

省内分布： 南靖县。

省外分布： 海南、云南、台湾等地。

香港安兰 别名：香港带唇兰

Ania hongkongensis (Rolfe) Tang & F.T.Wang

安兰属

形态特征： 地生植物。假鳞茎卵球形，粗 1.0—3.0cm，顶生 1 枚叶。叶片长椭圆形，长约 26.0cm，宽 3.0—4.0cm，基部渐狭为长 13.0—16.0cm 的柄。花葶出自假鳞茎的基部，直立，不分枝，长达 50.0cm；花序之下疏生 4 枚筒状鞘，花序疏生数朵花；花黄绿色带紫褐色斑点和条纹；花苞片狭披针形，萼片长圆状披针形，侧萼片贴生于蕊柱基部；花瓣倒卵状披针形，与萼片近等大；唇瓣白色带黄绿色条纹，倒卵形，不裂，中部以下两侧略围抱蕊柱，基部具距，唇盘具 3 条狭的褶片；距长圆形，长约 3.0mm，从两侧萼片基部之间伸出；蕊柱上端稍扩大。花期 4—5 月。

生长环境： 生于海拔 150—500m 的林下或灌丛中。

省内分布： 同安、云霄、诏安、平和、南靖、安溪、德化、永春、永泰、闽侯、连江、蕉城等地。

省外分布： 广东、香港等地。

滇兰

Hancockia uniflora Rolfe

滇兰属

形态特征： 地生植物。植株高 6.0—10.0cm。假鳞茎疏生于根状茎上，彼此相距约 2.0cm，细圆柱状，长1.0—1.5cm，粗1.5—2.5mm。叶纸质，卵状披针形，长5.0—7.5cm，宽2.0—3.3cm，先端急尖，基部近圆形，具长约5.0mm的柄。花葶长约2.0cm，被膜质筒状鞘，顶生1朵花；花苞片大，舟状；花粉红色；萼片相似，离生，稍靠合，狭长圆形，先端渐尖，具3条脉；花瓣相似于萼片并等长，但稍宽，先端渐尖，具3条脉；唇瓣椭圆状长圆形，较花瓣短，3裂；侧裂片卵状三角形；中裂片近肾形，先端钝；唇盘具3条纵向的龙骨状脊突；距长约2.2cm，末端钝；蕊柱长1.5cm，无蕊柱足。花期7月。

生长环境： 生于海拔 1300—1560m 的山坡或沟谷林下阴湿处。

省内分布： 华安县。

省外分布： 云南、湖北等地。

郭世纬 / 摄

郭世纬 / 摄

苞舌兰

Spathoglottis pubescens Lindl.

苞舌兰属

形态特征: 地生植物。假鳞茎扁球形,粗 1.0—2.5cm。叶 1—3 枚,带状或狭披针形。总状花序疏生 2—10 朵花;花黄色;萼片椭圆形,长 1.2—1.7cm,宽约 6.0mm,背面被柔毛;花瓣宽长圆形,与萼片近等长较宽,两面无毛;唇瓣 3 裂;中裂片倒卵状楔形,长约 1.3cm,先端近截形并有凹缺,基部具爪;爪短而宽,上面具一对半圆形的、肥厚的附属物,基部两侧有时各具 1 枚稍凸起的钝齿;侧裂片镰刀状长圆形,先端圆形或截形,两侧裂片之间凹陷成囊状;唇盘上具 3 条纵向的龙骨脊,其中央 1 条隆起而成肉质的褶片;蕊柱长约 9.0mm。花期 7—10 月。

生长环境: 生于海拔 280—1700m 的山坡草丛中。

省内分布: 明溪、泰宁、新罗、永定、上杭、长汀、连城、漳浦、云霄、诏安、平和、南靖、同安、安溪、德化、仙游、永泰等地。

省外分布: 广东、广西、贵州、湖南、江西、四川、云南、浙江等地。

黄兰

Cephalantheropsis gracilis (Lindl.) S. Y. Hu

黄兰属

形态特征: 地生植物。植株高 1.0m。茎直立,圆柱形,长达 60.0cm。叶长圆形,长 35.0cm,宽 3.5—8.0cm,基部收狭为短柄。总状花序疏生多数花;花梗和子房密布细毛;花黄绿色,伸展;萼片和花瓣反折;萼片相似,卵状披针形,背面密布短毛;花瓣卵状椭圆形,两面或仅背面被毛;唇瓣 3 裂,长圆形,基部贴生于蕊柱基部,无距;中裂片近肾形,基部收狭,边缘皱波状,先端微凹且具 1 个细尖,上面具 2 条黄色的褶片,褶片间具小泡状颗粒;侧裂片近三角形,围抱蕊柱,先端尖齿状,前缘具不整齐的缺刻;蕊柱极短,无蕊柱足,中部以下两侧具翅,被毛。花期 9—12 月。

生长环境: 生于海拔约 500m 沟谷、溪边林下。

省内分布: 云霄、诏安、南靖等地。

省外分布: 广东、海南、云南、台湾等地。

黄花鹤顶兰

Phaius flavus (Bl.) Lindl.

鹤顶兰属

形态特征： 地生植物。假鳞茎卵状圆锥形，长 5.0—6.0cm，具 2—3 节。叶 4—6 枚，紧密互生于假鳞茎上部，常具黄色斑点，长椭圆形或椭圆状披针形，长 17.0cm 以上，宽 5.0—10.0cm，基部鞘状柄套叠成假茎。花葶侧生于假鳞茎基部或节上，低于叶层；总状花序具数朵花；花淡黄色，直径约 6.0cm，干后变靛蓝色；中萼片长圆状倒卵形，侧萼片斜长圆形，与中萼片近等长，稍狭；花瓣长圆状倒披针形，与萼片近等长，较狭；唇瓣前端 3 裂，唇盘具 3—4 条多少隆起的脊突；侧裂片围抱蕊柱；中裂片前端边缘红褐色并具波状皱褶；距白色，蕊柱两面密被长柔毛。花期 4—10 月。

生长环境： 生于海拔 300—2100m 的山坡林下、山沟阴湿处。

省内分布： 建阳、武夷山、尤溪、上杭、同安、德化、永春、仙游、闽清、闽侯、永泰、晋安等地。

省外分布： 广东、广西、贵州、海南、湖南、四川、西藏、云南、台湾等地。

鹤顶兰

Phaius tankervilleae (Banks ex L'Herit.) Bl.

鹤顶兰属

形态特征： 地生植物。植株高大。假鳞茎圆锥形，长 6.0cm。叶 2—6 枚，长圆状披针形，长 20.0—70.0cm，宽 4.0—10.0cm，先端渐尖。花葶从假鳞茎基部或叶腋发出，高出叶层；总状花序具多数花；花大，背面白色，内面棕色，直径 7.0—9.0cm；萼片近相似，长圆状披针形，花瓣长圆形，与萼片近等长，稍狭；唇瓣中部以上浅 3 裂，唇盘密被短毛，具 2 条褶片；侧裂片短而圆，围抱蕊柱而使唇瓣呈喇叭状；中裂片边缘稍波状；距细圆柱形，长约 1cm；蕊柱白色，多少具短柔毛。花期 3—6 月。

生长环境： 生于海拔 400—1800m 的林缘灌木或草丛中、沟谷或溪边阴湿处。

省内分布： 永安、连城、龙海、云霄、诏安、平和、南靖、同安、德化、永泰、闽侯、长乐、连江、福安等地。

省外分布： 广东、广西、海南、西藏、云南、台湾等地。

泽泻虾脊兰
Calanthe alismatifolia Lindley

虾脊兰属

形态特征： 地生植物。茎短，叶近基生，3—6 枚，形似泽泻叶；叶片椭圆形，长约 20.0cm，宽 4.0—10.0cm，顶端急尖，基部收窄为长柄，边缘波状；叶柄纤细，常比叶片长。花葶 1—2 枚，腋生，纤细，与叶近等长，顶生短总状花序；花序轴和子房被短柔毛；花苞片稍外弯，宽卵状披针形，比花梗（连子房）短，顶端渐尖或稍钝，边缘波状；花白色；萼片近相等，斜卵形，直立开展，长约 1.0cm，宽 6.0mm，顶端稍钝，背面被紫色糙伏毛；花瓣近菱形，比萼片小；唇瓣比萼片长，3 深裂，侧裂片条形，中裂片扇形，基部具 1 个黄色胼胝体，顶端深 2 裂；距纤细，近与子房平行，长约 1.0cm；合蕊柱很短。花期 6—8 月。

生长环境： 生于海拔约 500m 阴湿的山坡林下。

省内分布： 安溪、屏南等地。

省外分布： 云南、四川、广西、湖南、湖北、台湾等地。

苏享修 / 摄

苏享修 / 摄

苏享修 / 摄

翘距虾脊兰

Calanthe aristulifera Rchb. f.

虾脊兰属

形态特征： 地生植物。假鳞茎近球形，粗 1.0cm，具 2—3 枚叶。假茎长 13.0—20.0cm。叶倒卵状椭圆形，长 15.0—30.0cm，宽 4.0—8.0cm；总状花序疏生约 10 朵花；花苞片宿存；花粉红色或白色带淡紫色；中萼片长圆状披针形，背面被短毛；侧萼片斜长圆形，与中萼片近等长较狭，背面被短毛；花瓣狭倒卵形，比萼片稍短，无毛；唇瓣 3 裂，与整个蕊柱翅合生，唇盘上具 3—5 条肉质脊突，近中裂片先端处呈高褶片状；中裂片扁圆形，先端微凹并具细尖，边缘稍波状；侧裂片基部约一半与蕊柱翅的外侧边缘合生；距圆筒形，常翘起，长 1.4—2.0cm，内面被长柔毛，外面被短毛；蕊柱长 6.0mm，腹面被毛；蕊喙 2 裂。花期 3—4 月。

生长环境： 生于海拔 2100m 以下的林中湿润处。

省内分布： 武夷山国家公园。

省外分布： 广东、广西、台湾等地。

棒距虾脊兰

Calanthe clavata Lindl.

虾脊兰属

形态特征： 地生植物。假鳞茎粗壮，完全为叶鞘所包。假茎长约 13.0cm。叶 2—3 枚，狭椭圆形，基部渐狭为柄，折扇状，长 65.0cm，宽 4.0—10.0cm；总状花序圆筒形，具多数花；花苞片披针形，早落，膜质；花黄色；中萼片椭圆形，侧萼片近长圆形，与中萼片近等长稍狭，先端急尖并呈芒状；花瓣倒卵状椭圆形，唇瓣 3 裂，基部与整个蕊柱翅合生；中裂片近圆形，先端截形并微凹，基部具 2 枚三角形的褶片；侧裂片耳状，直立；距棒状，劲直，长 9.0mm；蕊柱长约 7.0mm，上部扩大；蕊喙不裂。花期 11—12 月。

生长环境： 生于海拔 600—1300m 的林下和山谷溪边。

省内分布： 同安、云霄、诏安、南靖等地。

省外分布： 广东、广西、海南、西藏、云南、台湾等地。

密花虾脊兰

Calanthe densiflora Lindl.

虾脊兰属

形态特征： 地生植物。植株在根状茎上疏生，具很短而为叶鞘包裹的茎。假鳞茎细长，叶狭椭圆形，长 20.0—40.0cm，宽 5.0—9.0cm；总状花序呈球状，由许多放射状排列的花所组成；花苞片早落，花淡黄色，萼片相似，长圆形，先端急尖并呈芒状；花瓣近匙形，与萼片近等长稍狭；唇瓣 3 裂，基部稍与蕊柱翅的基部合生；中裂片近方形，先端微凹，基部上方具 2 枚三角形的褶片；侧裂片卵状三角形，先端钝；距圆筒形，长约 1.0cm；蕊柱细长，长约 1.2cm；蕊喙不裂。花期 11—12 月。

生长环境： 生于海拔 800m 以上林下或山谷溪边。

省内分布： 上杭、云霄、诏安、南靖等地。

省外分布： 广东、广西、海南、四川、西藏、云南、台湾等地。

吴双 / 摄

苏享修 / 摄

虾脊兰

Calanthe discolor Lindl.

虾脊兰属

形态特征： 地生植物。假鳞茎粗短，近圆锥形，具 3
枚叶。假茎长 6.0—10.0cm。叶倒卵状长圆形至椭圆
状长圆形，长可达 25.0cm，宽 4.0—9.0cm，先端急尖，
基部收狭为柄，背面密被短毛。总状花序疏生约 10 朵
花；萼片和花瓣褐紫色；花苞片宿存；萼片相似，椭
圆形，背面中部以下被短毛；花瓣近长圆形或倒披针
形，与萼片近等长较狭；唇瓣 3 裂，基部与整个蕊柱
翅合生，唇盘上具 3 条片状褶片；中裂片倒卵状楔形，
先端深凹缺；侧裂片镰状倒卵形或楔状倒卵形，基部
约一半与蕊柱翅的外侧边缘合生；距圆筒形，伸直稍弯
曲，长 5.0—10.0mm，外面疏被短毛；蕊柱长约 4.0mm，
蕊柱翅下延到唇瓣基部；蕊喙 2 裂。花期 4—5 月。

生长环境： 生于海拔 780—1500m 的林下。

省内分布： 武夷山国家公园。

省外分布： 安徽、广东、贵州、湖北、湖南、江苏、江西、
浙江等地。

朱志宏 / 摄

朱志宏 / 摄

钩距虾脊兰

Calanthe graciliflora Hayata

虾脊兰属

形态特征： 地生植物。假鳞茎短小，近卵球形，具3—4枚叶。假茎长5.0—18.0cm。叶长圆形，长17.0—28.0cm，宽5.0—8.5cm，基部收狭为柄，无毛。总状花序疏生多数化；花黄白色，萼片和花瓣背面褐色，内面淡黄色；中萼片近椭圆形，侧萼片近似于中萼片，稍狭；花瓣倒卵状披针形，唇瓣3裂，白色带紫红色斑点；中裂片倒卵形，先端近截形并微凹并在凹缺处具短尖；侧裂片长圆形，基部部分贴生在蕊柱翅上；唇盘上具3条肉质脊突；距圆筒形，长约1.0cm，先端钩状，外面疏被短毛，内面密被短毛；蕊柱长约5.0mm，无毛；蕊喙2裂。花期4—5月。

生长环境： 生于海拔400—1500m的林下。

省内分布： 邵武、武夷山、建瓯、清流、建宁、上杭、长汀、连城、德化、仙游、涵江、永泰、闽侯、罗源、晋安、蕉城、屏南、福安、柘荣等地。

省外分布： 安徽、广东、广西、贵州、湖北、湖南、江西、四川、云南、浙江、台湾等地。

细花虾脊兰

Calanthe mannii Hook. f.

虾脊兰属

形态特征： 地生植物。假鳞茎粗短，圆锥形，具 2—3 枚鞘和 3—5 枚叶。叶折扇状，倒披针形，长 18.0—35.0cm，宽 3.0—4.5cm。花葶从假茎上端的叶间抽出，直立，高出叶层外，长达 51.0cm，密被短毛；总状花序长 4.0—10.0cm，有 10 余朵小花；花苞片宿存，披针形，先端渐尖，膜质，无毛；花小；萼片和花瓣暗褐色；中萼片卵状披针形，凹陷，先端急尖；侧萼片多少斜卵状披针形，与中萼片近等长；花瓣倒卵状披针形，无毛；唇瓣金黄色，比花瓣短，基部合生在整个蕊柱翅上，3 裂；侧裂片卵圆形，先端圆钝；中裂片横长圆形，先端微凹并具短尖，边缘稍波状，无毛；唇盘上具 3 条褶片，其末端在中裂片上呈三角形高高隆起；距短钝，伸直，外面被毛；蕊柱白色，长约 3.0mm，上端扩大，腹面被毛；蕊喙小，2 裂；裂片近三角形，先端锐尖；花粉团狭卵球形，近等大；黏盘小，近圆形。花期 5 月。

生长环境： 生于海拔 1300—1800m 的山坡林下。

省内分布： 尤溪、屏南等地。

省外分布： 江西、湖北、广东、广西、四川、贵州、云南、西藏等地。

长距虾脊兰

Calanthe sylvatica (Thou.) Lindl.

虾脊兰属

形态特征：地生植物。植株高达 80.0cm。假鳞茎狭圆锥形，不明显，具 3—6 枚叶。叶椭圆形至倒卵形，长 20.0—40.0cm，宽达 10.5cm；总状花序疏生数朵花；花苞片宿存，披针形，密被短柔毛；花淡紫色，唇瓣常变成橘黄色；中萼片椭圆形，背面疏被短柔毛；侧萼片长圆形，背面疏被短柔毛；花瓣倒卵形，唇瓣 3 裂，基部与整个蕊柱翅合生；中裂片扇形，先端凹缺，裂口中央略有凸尖，前端边缘全缘或具缺刻，基部具短爪；侧裂片镰状披针形，向先端变狭，先端稍钝；唇盘基部具 3 列不等长的黄色鸡冠状的小瘤；距圆筒状，长 2.0—5.5cm，末端钝，外面疏被短毛；蕊柱长 5.0mm，近无毛；蕊喙 2 裂。花期 4—9 月。

生长环境：生于海拔 600—1800m 的常绿阔叶林下的溪谷边阴湿处。

省内分布：尤溪、南靖、蕉城、屏南等地。

省外分布：广东、广西、湖南、西藏、云南、台湾等地。

三褶虾脊兰

Calanthe triplicata (Willem.) Ames

虾脊兰属

形态特征：地生植物。假鳞茎短，不明显，卵状圆柱形，具 3—4 枚叶。叶椭圆形或椭圆状披针形，长 17.0—35.0cm，宽可达 12.0cm，基部收狭为柄，边缘多少波状，无毛。总状花序密生多数花；花白色，直径约 2.0cm；中萼片近椭圆形，背面被短毛；侧萼片稍斜的倒卵状披针形，与中萼片近等长，稍宽，背面被短毛；花瓣倒卵状披针形，较萼片短、狭，基部收狭为爪，背面被短毛；唇瓣 3 深裂，基部与整个蕊柱翅合生，唇盘在侧裂片之间具 3 列金黄色瘤状突起物；中裂片深 2 裂；侧裂片卵状椭圆形至倒卵状楔形；距白色，纤细，外面疏被短毛；蕊柱长约 5.0mm，疏被短毛；蕊喙 2 裂。花期 5—7 月。

生长环境：生于海拔 500—1200m 的沟谷边林下。

省内分布：南靖、德化、永泰、福清等地。

省外分布：广东、广西、海南、云南、台湾等地。

无距虾脊兰

Calanthe tsoongiana T. Tang et F. T. Wang

虾脊兰属

形态特征： 地生植物。假鳞茎近圆锥形，具 2—3 枚叶。叶长椭圆形，长约 25.0cm，宽约 8.0cm，背面被短毛，基部收狭为柄。总状花序疏生许多小花；花苞片宿存；花淡紫色；萼片相似，长圆形，背面中部以下疏生毛；花瓣近匙形，唇瓣 3 裂，基部合生于整个蕊柱翅上，唇盘不具褶片和其他附属物，无距；裂片等长；中裂片长圆形，先端截形并微凹，在凹缺中央具细尖；侧裂片近长圆形，较中裂片稍宽；蕊柱粗短，长约 3.0mm；蕊喙小，2 裂。花期 4—5 月。

生长环境： 生于海拔 450—1450m 的山坡林下或阴湿的岩石上。

省内分布： 武夷山、宁化、建宁、沙县等地。

省外分布： 贵州、江西、浙江等地。

江凤英／摄

江凤英／摄

锥囊坛花兰

Acanthephippium striatum Lindl.

坛花兰属

形态特征：地生植物。丛生，假鳞茎长卵形，长 6.0—10.0cm，基部较粗，顶生 1—2 枚叶。叶片椭圆形，长 20.0—30.0cm，宽达 14.5cm，具 5 条在背面隆起的折扇状脉。总状花序稍弯垂，具 4—6 朵花；花白色带红色脉纹；中萼片椭圆形，侧萼片、中萼片长而宽，基部贴生在蕊柱足上；萼囊向末端延伸而呈距状的狭圆锥形；花瓣近长圆形，藏于萼筒内，与中萼片近等长较狭；唇瓣 3 裂，基部具长约 1.0cm 的爪，以 1 个活动关节连接于蕊柱足末端，唇盘中央具 1 条龙骨状脊；中裂片卵状三角形，边缘稍波状，基部两侧各具 1 个红色斑块；侧裂片镰刀状三角形；蕊柱长约 1.0cm，基部具长 1.0cm 的蕊柱足。花期 4—6 月。

生长环境：生于海拔 400—1400m 的沟谷边密林下的阴湿处。

省内分布：南靖县。

省外分布：广西、云南、广东、台湾等地。

朱艺耀 / 摄

吻兰

Collabium chinense (Rolfe) T. Tang et F. T. Wang

吻兰属

形态特征: 地生植物。假鳞茎细圆柱形,长 4.0cm。叶椭圆状披针形或卵状椭圆形,长 6.0—15.0cm,宽 3.0—6.0cm,先端急尖,基部近圆形。总状花序疏生 4—8 朵花;花中等大;中萼片长圆状披针形,侧萼片多少镰刀状长圆形,与中萼片近等长较宽,基部贴生在蕊柱足上;花瓣长圆形,与萼片近等长稍狭;唇瓣 3 裂,基部具爪,唇盘上两侧裂片之间具 2 枚褶片延伸至基部的爪上;中裂片近扁圆形,前端边缘稍具细齿;侧裂片卵形,小;距圆筒形,长 5.0—6.0mm;蕊柱长约 1.0cm,两侧各具 1 枚三角形齿,基部具蕊柱足。花期 7—11 月。

生长环境: 生于海拔 800m 以下的林下阴湿处。

省内分布: 同安、漳浦、云霄、诏安、平和、南靖、德化等地。

省外分布: 广东、广西、海南、云南、西藏、台湾等地。

台湾吻兰

Collabium formosanum Hayata

吻兰属

形态特征： 地生植物兼附生。假鳞茎疏生于根状茎上，圆柱形，长 1.5—3.5cm，被鞘。叶厚纸质，卵状披针形或长圆状披针形，长 7.0—22.0cm，宽 3.0—8.0cm，先端渐尖，基部近圆形或有时楔形，具长 1.0—2.0cm 的柄，边缘波状，具许多弧形脉。花葶长达 38.0cm；总状花序疏生 4—9 朵花；花序柄被 3 枚鞘；花苞片狭披针形，萼片和花瓣绿色，先端内面具红色斑点；中萼片狭长圆状披针形，先端渐尖，具 3 条脉；侧萼片镰刀状倒披针形，比中萼片稍短而宽，先端渐尖，基部贴生于蕊柱足，具 3 条脉；花瓣相似于侧萼片，近先端处宽 2.0mm，先端渐尖，具 3 条脉；唇瓣白色带红色斑点和条纹，近圆形，基部具长约 5.0mm 的爪，3 裂；侧裂片斜卵形，先端锐尖，上缘具不整齐的齿；中裂片倒卵形，先端近圆形并稍凹入，边缘具不整齐的齿；唇盘在两侧裂片之间具 2 条褶片；褶片下延到唇瓣的爪上；距圆筒状，长约 4.0mm，末端钝；蕊柱长约 1cm，基部扩大，具长约 4.0mm 的蕊柱足；蕊柱翅在蕊柱上端扩大而呈圆耳状。花期 5—9 月。

生长环境： 生于海拔 450—1600m 的山坡密林下或沟谷林下岩石边。

省内分布： 延平、政和、永安、尤溪、德化、永泰、闽侯、晋安、屏南、周宁、寿宁等地。

省外分布： 湖北、湖南、广东、广西、贵州、云南、台湾等地。

金唇兰

Chrysoglossum ornatum Bl.

金唇兰属

形态特征：地生植物。假鳞茎在根状茎上彼此相距 1.0—2.0cm，近圆柱形，长约 5.0cm，具 1 个节，被鞘。叶纸质，长椭圆形，长 20.0—34.0cm，宽 4.5—7.5cm，先端短渐尖，基部楔形并卜延为长达 10.0cm 的柄，具 5 条脉，两面无毛。花葶长达 50.0cm，无毛，被 4—5 枚鞘；总状花序疏生约 10 朵花；花苞片披针形，先端渐尖；花绿色带红棕色斑点；中萼片长圆形，先端稍钝，具 5 条脉；侧萼片镰刀状长圆形，先端稍钝，具 5 条脉；萼囊圆锥形，花瓣相似于侧萼片而较宽；唇瓣白色带紫色斑点，基部两侧具小耳并伸入萼囊内，3 裂；侧裂片直立，卵状三角形，先端圆形；中裂片近圆形，凹陷；唇盘上具 3 条褶片，中央 1 条较短；蕊柱白色，基部扩大，具长约 3.0mm 的蕊柱足；蕊柱翅在蕊柱中部两侧各具 1 枚倒齿状的臂。花期 4—6 月。

生长环境：生于海拔 700—1700m 的山坡林下阴湿处。

省内分布：同安、南靖、蕉城等地。

省外分布：云南、台湾等地。

半柱毛兰

Eria corneri Rchb. f.

毛兰属

形态特征： 附生植物。假鳞茎卵圆状，密集聚生，具4棱，长1.4—6.0cm，粗0.9—3.0cm。顶生1—3枚叶，大小常相差较大，椭圆状披针形至倒卵状披针形，干时两面出现灰白色的小疣点，长5.5—25.0cm，宽1.5—4.1cm，基部收狭为柄。花葶侧生于假鳞茎顶端；总状花序具十余朵花；花淡黄绿色；中萼片卵状三角形，侧萼片斜卵状三角形，花瓣狭披针形，与萼片近等长；唇瓣3裂，唇盘上有3条波状褶片；中裂片卵状三角形；侧裂片半圆形，近直立；蕊柱短，半圆柱形；蕊柱足长约5.0mm。花期10—11月。

生长环境： 生于溪边林下岩石上。

省内分布： 同安、漳浦、云霄、诏安、平和、南靖、德化、永春、永泰、闽侯、罗源、连江、晋安等地。

省外分布： 广东、广西、贵州、海南、云南、台湾等地。

钟兰 别名：石豆毛兰

Campanulorchis thao (Gagnep.) S.C.Chen & J.J.Wood

钟兰属

形态特征： 附生植物。根状茎发达，在假鳞茎着生处稍膨大，卵球形，粗1.2cm，顶生1枚叶。叶片椭圆形，长5.0—10.0cm，宽1.5—2.0cm。花序从假鳞茎顶端发出，具1朵花，花黄色，花序轴、花梗和子房及萼片外面密被棕红色绵毛；花苞片宽三角形，中萼片披针状长圆形，侧萼片三角状卵形，基部与蕊柱足合生成萼囊；花瓣椭圆形，唇瓣桃红色带紫色，3裂，侧裂片三角形，与中裂片成锐角，中裂片近长圆形，唇盘上具3条纵褶片，中间1条不明显，两侧褶片较高；蕊柱长6.0mm，两侧有短翅翼。花期8—10月。

生长环境： 生长于海拔600—1200m的林中树上或林下岩石上。

省内分布： 诏安县。

省外分布： 海南、云南等地。

朱鑫鑫 / 摄

高山蛤兰 别名：连珠绒兰、高山毛兰

Conchidium japonicum (Maximowicz) S. C. Chen & J. J. Wood

蛤兰属

形态特征： 附生植物。假鳞茎密集，长卵形，近聚生，顶生 2 枚叶。叶长圆形或长圆状披针形，长 4.0—6.0cm，宽 1.0—1.5cm。总状花序顶生，被柔毛，具 2—3 朵花；花苞片卵形；花白色；中萼片狭椭圆形，侧萼片卵形，偏斜，基部与蕊柱足合生成萼囊；花瓣线状披针形，与萼片近等长，较狭；唇瓣 3 裂，基部收狭成爪；中裂片近四方形，侧裂片三角形，唇盘上具 3 条褶片；蕊柱长约 3.0mm；蕊柱足长约 5.0mm。花期 6 月。

生长环境： 生于海拔 700—2100m 的林缘大树树干（枝）或岩壁上。

省内分布： 武夷山、顺昌、政和等地。

省外分布： 安徽、贵州、浙江、台湾等地。

对茎蛤兰　　别名：对茎毛兰

Conchidium pusillum Griff.

蛤兰属

形态特征：附生植物。植株高 2.0—3.0cm。假鳞茎近球形或扁球形，常每隔 2.0—5.0cm 成对生长在根状茎上，粗 3.0—6.0mm，被网格状膜质鞘，顶生 2—3 枚叶。叶倒卵状披针形、近椭圆形或圆形，长 5.0—16.0mm，宽 2.0—4.0mm，先端骤然收狭而成长 1.0—1.5mm 的芒。花序具 1—2 朵花；花苞片卵形；花小，白色；中萼片卵形或卵状披针形，侧萼片三角形或卵状三角形，稍偏斜，基部与蕊柱足合生成萼囊；花瓣披针形，萼囊较长，内弯；唇瓣不裂，披针形或近椭圆形，基部收狭，唇瓣具缘毛；唇盘上具 2—3 条线纹，延伸至近中部；蕊柱长约 1.0mm；蕊柱足长约 2.0mm，稍弯曲。花期 10—11 月。

生长环境：生于海拔 800—1500m 的林缘岩壁上。

省内分布：云霄、诏安、平和等地。

省外分布：广东、广西、西藏、云南等地。

蛤兰　别名：小毛兰

Conchidium sinica (Lindl.) Lindl.

蛤兰属

形态特征： 附生植物。植株极矮小。假鳞茎密集着生，近球形或扁球形，顶生 2—3 枚叶。叶倒卵状披针形、倒卵形或圆形，长 5.0—16.0mm，宽 2.0—4.0mm，先端圆钝具细尖头。花序具 1—2 朵花；花苞片卵形；花小，白色或浅黄色；中萼片卵形或卵状披针形，侧萼片卵状三角形，稍偏斜，基部与蕊柱足合生成萼囊；花瓣披针形，萼囊较长，内弯；唇瓣不裂，近椭圆形，基部收狭，中、上部边缘具不整齐细齿，上面中央自基部发出 3 条不等长的线纹；蕊柱长约 1.0mm；蕊柱足长约 2.0mm，稍弯曲。花期 10—11 月。

生长环境： 生于海拔 300—1500m 的林缘岩壁上，常与苔藓混生。

省内分布： 云霄、诏安、平和、南靖、德化、仙游、永泰、长乐、周宁、福鼎等地。

省外分布： 广东、浙江、广西、海南、香港等地。

白绵绒兰

Dendrolirium lasiopetalum (Willd.) S. C. Chen & J.J. Wood

绒兰属

形态特征：附生植物。根状茎横走。假鳞茎彼此相距 1.5—5.0cm，纺锤形，长 3.0—7.5cm，粗 1.5—3.5cm，顶端着生 3—5 枚叶。叶椭圆形，长 12.0—30.0cm，宽 1.5—5.0cm。花序 1—2 个，从假鳞茎基部发出，长 10.0—20.0cm，不超出叶面；花黄绿色，花序轴、子房和萼片背面密被白色绵毛；花苞片卵状披针形，中萼片披针形，侧萼片三角状披针形，与蕊柱足合生成萼囊；花瓣线形，唇瓣卵形，基部收缩成爪，3 裂，裂片边缘波浪状，侧裂片半倒卵形，中裂片长圆形、唇盘上具 1 个倒卵状披针形的加厚区，自基部延伸到中裂片上部；蕊柱长 4.0mm。花期 1—4 月。

生长环境：生于海拔 500—1700m 的林下岩石上或林中树上。

省内分布：云霄、诏安等地。

省外分布：海南、云南等地。

郑海磊 / 摄

瓜子毛鞘兰 别名：瓜子毛兰

Trichotosia dasyphylla (E.C.Parish & Rchb.f.) Kraenzl.

毛鞘兰属

形态特征：附生植物。矮小草本，匍匐生长，高 2.0—3.0cm，全体被灰白色长硬毛，具交错的根状茎。根状茎幼时被 3—4 枚筒状鞘，茎极短。叶 2—5 枚，簇生，肉质，肥厚，椭圆形，形似瓜子，先端钝，基部收狭，在叶柄与叶片连接处具关节；叶柄基部具 1 枚喇叭状的鞘，鞘与叶柄近等长。花序从叶内侧发出，具单花；花序基部具 2 枚喇叭状膜质鞘；花梗极短；花苞片基部鞘状，上部三角形，先端渐尖，宿存；花淡黄色，萼片背面密被白色长毛，中萼片卵状披针形，先端钝；侧萼片斜三角形，先端钝，基部与蕊柱足合生成明显萼囊；花瓣长圆形，先端圆钝，背面密被白色长毛；唇瓣较厚，倒卵状长圆形，背面被白色长毛，边缘具睫毛状齿，先端近平截，中间稍凹陷，在近中部处具缢缩痕；缢缩处具 2 个近长圆形的胼胝体，两胼胝体之间稍加厚；蕊柱极短，蕊柱足长约 4.0mm。蒴果倒卵状圆柱形，被白色长毛；果柄极短。花期 3—5 月。

生长环境：生于海拔 850—1600m 的岩壁或树干上。

省内分布：平和、德化等地。

省外分布：云南省。

颜国铰／摄

玫瑰宿苞兰

Cryptochilus roseus (Lindl.) S. C. Chen & J. J. Wood

宿苞兰属

形态特征： 附生植物。根状茎粗壮，粗可达 1.0cm，每相距 1.0—3.0cm 生 1 个假鳞茎。假鳞茎卵形，长 3.6—7.0cm，粗 1.8—3.5cm，外面为鞘包被，顶生 1 枚叶。叶披针形或长圆状披针形，长 10.0—30.0cm，宽 2.5—4.0cm，基部收狭为叶柄。花序从假鳞茎顶端发出，具 2—4 朵花；苞片较花长，线形，中萼片卵状长圆形，背面有龙骨状突起；侧萼片三角状披针形，背面具翅，与蕊柱足合生形成萼囊；花瓣近菱形，唇瓣近卵形，3 裂；唇盘上具 3 条褶片，中央褶片伸达中裂片先端；蕊柱长约 7.0mm；蕊柱足长约 8.0mm。花期 11 月至翌年 2 月。

生长环境： 生于海拔 300—700m 的灌丛岩石上。

省内分布： 漳浦、云霄、诏安、平和、德化、永泰等地。

省外分布： 广东、海南、香港等地。

牛齿兰

Appendicula cornuta Bl.

牛齿兰属

形态特征：附生植物。茎圆柱形，不分枝，粗约2.5mm，节间长约1.0cm。叶狭卵状椭圆形或近长圆形，长2.0—3.5cm，宽约1.0cm，先端钝并有不等的2圆裂或凹缺，常具细尖。总状花序顶生或侧生，短于叶，具2—6朵花；花苞片披针形，常反折；花小，白色；中萼片椭圆形，先端渐尖；侧萼片斜三角形，与蕊柱足合生形成萼囊；花瓣卵状长圆形，唇瓣近长圆形，边缘皱波状，在上面具1枚肥厚的褶片状附属物，近基部具1枚膜片状附属物；蕊柱短，长约2.0mm；蕊柱足长2.0—2.5mm。花期7—8月。

生长环境：生于海拔约800m以下的林中岩石或溪边岩壁上。

省内分布：云霄、诏安、平和、南靖、同安等地。

省外分布：广东、海南等地。

矮柱兰

Thelasis pygmaea (Griff.) Bl.

矮柱兰属

形态特征: 附生植物。假鳞茎聚生,扁球形(上下压扁),顶端通常具 1 枚大叶和 1 枚小叶。大叶狭长圆状倒披针形,长 4.0—8.0cm,宽 6.0—13.0mm,先端钝、急尖或不等的 2 裂,稍肉质,基部收狭成短柄并内卷;小叶近长圆形,长 0.7—1.5cm。花葶生于假鳞茎基部,高 10.0—20.0cm,纤细,有 2—3 枚抱茎的鞘;总状花序初期较短,长 1.0—2.0cm,随着花的开放,逐渐延长,可达 5.0—10.0cm 并多少外弯或下弯,生有许多密集的小花;花序轴常较肥厚;花苞片卵状三角形或卵状披针形,长约 2.0mm,宿存,常稍呈紫色;花黄绿色,平展,不甚张开;中萼片卵状披针形或长圆状披针形,侧萼片与中萼片相似,但背面具龙骨状突起或有时呈狭翅状;花瓣近长圆形或狭长圆形;唇瓣卵状三角形,先端渐尖,边缘内卷;蕊柱短,无蕊柱足;花药狭卵形,直立,长约 0.7mm;蕊喙较长,直立,长达 1.2mm。花期 4—10 月。

生长环境: 生于海拔 1100m 以下溪谷旁树干上、山崖树枝上或林中岩石上。

省内分布: 诏安、平和等地。

省外分布: 海南、云南、台湾等地。

李剑武 / 摄

朱艺耀 / 摄

李剑武 / 摄

扁根带叶兰

Taeniophyllum complanatum Fukuyama

带叶兰属

形态特征： 附生植物。无茎、叶。根绿色，极扁平，长3.0—5.0cm，辐射状生长。伞房花序，花序梗长1.0—4.0cm，由根系中心点抽出；花3朵，黄绿色，甚小；萼片卵状披针形；唇瓣卵状披针形，有一向上翘的针刺。花期7—8月。

生长环境： 生于海拔约500m山谷常绿阔叶林下、溪边木本植物的细枝上。

省内分布： 南靖、德化、永泰、闽侯、晋安、蕉城、屏南等地。

省外分布： 台湾省。

带叶兰

Taeniophyllum glandulosum Bl.

带叶兰属

形态特征： 附生植物。根发达，茎几无，被多数褐色鳞片。根多数，簇生，稍扁而弯曲，长 2.0—10.0cm，粗 1.0—1.5mm，形如蜘蛛状。总状花序 1—4 个，具 1—4 朵小花；花苞片 2 列，质地厚，卵状披针形，先端近锐尖；花小，黄绿色；萼片和花瓣在中部以下合生成筒状，上部离生；中萼片卵状披针形，上部稍外折，先端近锐尖，背面中脉呈龙骨状隆起；侧萼片与中萼片近等大，背面具龙骨状的中脉；花瓣卵形，较萼片稍短，先端锐尖；唇瓣卵状披针形，先端具 1 个倒钩的刺状附属物；距短囊袋状，距口前缘具 1 个肉质横隔；蕊柱短，具 1 对蕊柱臂。花期 4—7 月。

生长环境： 生于海拔 480—900m 的林中树干上。

省内分布： 建阳、建瓯、武夷山、尤溪、上杭、德化、屏南等地。

省外分布： 广东、海南、湖南、四川、云南、台湾等地。

蛇舌兰

Diploprora championii (Lindl.) Hook. f.

蛇舌兰属

形态特征： 附生植物。茎下垂，不分枝。叶纸质，斜长圆形或镰刀状披针形，先端锐尖，长 5.0—12.0cm，宽 1.6—2.7cm。总状花序与叶对生，具 2—5 朵花；花序轴略呈"之"字形曲折；花淡黄色，直径约 1.7cm；萼片相似，长圆形或椭圆形，背面中脉呈龙骨状突起；花瓣线状长圆形，较萼片小；唇瓣 3 裂，舟形，唇盘上具 1 条肥厚的脊；中裂片较长，向先端骤然收狭并且叉状 2 裂；侧裂片直立，近方形；蕊柱短，长约 2.0mm。花期 6—8 月。

生长环境： 生于海拔 250—1500m 的溪边林中树干或岩石上。

省内分布： 云霄、诏安、平和、南靖、同安、永泰、闽侯、福清、晋安等地。

省外分布： 广西、云南、香港、台湾等地。

多花脆兰

Acampe rigida (Buch. —Ham. ex J. E. Smith) P. F. Hunt

脆兰属

形态特征：附生植物。茎粗壮，长达 1.0m，不分枝，为交互套叠的叶鞘被覆盖。叶狭长圆形或带形，长 17.0—40.0cm，宽 3.5—5.0cm，先端 2 圆裂。花序不分枝或有时具短分枝，具多数花；花黄色带紫褐色横纹，具香气；萼片相似，近长圆形，背面略具龙骨状突起；花瓣狭倒卵形，唇瓣 3 裂，中裂片卵状舌形，近直立，边缘稍波状并具缺刻；侧裂片近方形，与中裂片垂直；距圆锥形，长约 3.0mm，内壁密被毛；蕊柱粗短，长约 2.5mm。花期 8—9 月。

生长环境：附生于海拔 500—1600m 的林下岩石或林中树干上。

省内分布：漳浦、云霄、诏安、南安等地。

省外分布：广东、广西、贵州、海南、云南、台湾等地。

蜈蚣兰

Pelatantheria scolopendrifolia (Makino) Averyanov

钻柱兰属

形态特征： 附生植物。植株匍匐状。茎细长，具多节和分枝。叶2列互生，彼此疏离，两侧略对折为半圆柱形，长 5.0—8.0mm，粗约 1.5mm，先端钝。花序侧生，具1—2朵花；花苞片卵形，先端稍钝；中萼片卵状长圆形，先端钝；侧萼片斜卵状长圆形，与中萼片近等长较宽；花瓣近长圆形，较中萼片小；唇瓣3裂；中裂片舌状三角形，先端急尖，中央具1条与距内隔膜相连的褶片；侧裂片近三角形，直立；距近球形，距口下缘具1环乳突状毛，内面背壁上胼胝体马蹄状，不与隔膜相连；蕊柱粗短，基部具短的蕊柱足。花期4月。

生长环境： 生于海拔 1000m 以下的岩石上或林中树上。

省内分布： 永泰、罗源、连江、蕉城、屏南、周宁、寿宁、霞浦等地。

省外分布： 安徽、江苏、山东、四川、浙江等地。

大序隔距兰

Cleisostoma paniculatum (Ker—Gawl.) Garay

矮柱兰属

形态特征： 附生植物。茎直立，细长，扁圆柱形，长达 20.0cm，粗 0.5—0.8cm。叶 2 列互生，较紧靠，狭长圆形，长 10.0—25.0cm，宽 8.0—20.0mm，先端钝且不等侧 2 裂。圆锥花序具多数花；花苞片小，子房连花梗长 1.0cm；花小，直径约 1.1cm；中萼片椭圆形，侧萼片斜长圆形，较中萼片宽；花瓣较萼片稍小；萼片与花瓣上都有 2 条粗的棕褐色条纹；唇瓣 3 裂；中裂片先端向上、内弯成倒喙状，基部两侧向后伸长为钻形裂片；侧裂片三角形；唇盘上具 1 条与距内隔膜相连的褶片；距圆筒状，长约 5.0mm，内面背壁上方具被毛的胼胝体；蕊柱粗短，长约 3.0mm。花果期 5—9 月。

生长环境： 生于海拔 240—1300m 的林中树干上、林缘或沟谷林下岩石上。

省内分布： 延平、建瓯、政和、永安、新罗、永定、武平、云霄、南靖、平和、德化、仙游、永泰、闽侯、罗源、晋安、屏南、霞浦等地。

省外分布： 广东、广西、海南、江西、四川、西藏、台湾等地。

尖喙隔距兰

Cleisostoma rostratum (Lodd.) Seidenf. ex Averyanov

矮柱兰属

形态特征： 附生植物。叶2列，狭披针形，长9.0—15.0cm，宽0.7—1.3cm，基部具关节和抱茎的鞘。花序与叶对生，比叶短，疏生数朵花，花萼片和花瓣黄绿色带紫红色条纹。花苞片卵状三角形，中萼片近椭圆形，舟状，长5.0—5.5mm，宽2.0—2.5mm；侧萼片斜倒卵形，与中萼片等长但稍宽；花瓣长圆形，长4.0mm，宽3.0mm；唇瓣紫红色，3裂，侧裂片直立，三角形，先端钻状，中裂片狭卵状披针形，先端翘起，基部两侧无伸长的裂片；距漏斗状，与萼片近等长，内面背壁上方具长圆形的胼胝体，胼胝体两侧具很短的角状物，基部浅2裂 蕊柱长2.0mm。花期7—9月。

生长环境： 生于海拔350—800m的林中树干上或林下岩石上。

省内分布： 漳浦、南靖、同安、海沧等地。

省外分布： 广东、海南、贵州、云南、香港等地。

广东隔距兰

Cleisostoma simondii (Gagnep.) Seidenf. var. *guangdongense* Z. H. Tsi

矮柱兰属

形态特征：附生植物。叶圆柱形，长 7.0—12.0cm，直径约 3.0mm。花序常比叶长，具 10 余朵花；花淡黄绿色，有紫红色脉纹；中萼片长圆形，先端钝；侧萼片椭圆状长圆形，花瓣近倒卵状长圆形，与萼片均有 3 条紫色脉纹；唇瓣 3 裂；中裂片卵状三角形；侧裂片近三角形；距内背壁上方具 1 枚胼胝体；胼胝体为中央凹陷的四边形，上下两端的 4 个角状物均向前伸展；蕊柱基部具白色茸毛。花期 9—11 月。

生长环境：生于林中树干上或林下岩石上。

省内分布：同安、海沧、云霄、诏安、平和、南靖、德化、永春、永泰、闽侯、福清等地。

省外分布：广东、海南等地。

台湾白点兰

Thrixspermum formosanum (Hayata) Schltr.

白点兰属

形态特征：附生植物。茎近斜立，长约 1.0cm。叶狭长圆形，密集于茎上，近斜立或稍向外弯，长 3.0—4.0cm，宽 4.0—5.0mm，先端锐尖且微 2 裂。总状花序侧生于茎的基部；花序轴短，纤细，向上变粗，常具 1—2 朵花；花苞片宽卵状三角形，彼此靠近，螺旋状排列；花白色，具香气，在花序轴上逐渐开放，寿命约半天；中萼片椭圆形，侧萼片斜卵状椭圆形，较中萼片稍大；花瓣镰刀状长圆形；唇瓣 3 裂，基部具长约 4.0mm 的囊；中裂片不明显，其上密布白毛；侧裂片直立，近卵形，内面具棕紫色斑点；唇盘被长毛并且具 1 枚肉质鳞片状的附属物；蕊柱长约 2.0mm。花期 3—5 月。

生长环境：生于海拔约 700m 的林中树干上。

省内分布：屏南县。

省外分布：广西、海南、台湾等地。

小叶白点兰

Thrixspermum japonicum (Miq.) Rchb. f.

白点兰属

形态特征： 附生植物。茎斜立和悬垂，密生多数 2 列的叶。叶长圆形或倒披针形，长 2.0—6.0cm，宽 4.0—8.0mm，先端 2 裂。总状花序与叶对生，常具 4 朵花；花苞片 2 列，彼此疏离，先端钝尖；花白色或淡黄色；中萼片长圆形，侧萼片卵状披针形，与中萼片近等长稍宽；花瓣狭长圆形，唇瓣 3 裂，基部具长约 1.0mm 的爪，唇盘基部稍凹陷，密被茸毛；中裂片小，半圆形，背面多少成圆锥状隆起；侧裂片长圆形，近直立而向前弯曲；蕊柱粗短，具蕊柱足。花果期 4—8 月。

生长环境： 生于海拔 800—1500m 沟谷、溪边的林缘树干上。

省内分布： 武夷山、永安、上杭、连城、德化、仙游、屏南等地。

省外分布： 湖南、广东、四川、贵州、台湾等地。

黄花白点兰

Thrixspermum laurisilvaticum (Fukuyama) Garay　[*Thrixspermum pygmaeum* (King & Pantl.) Holttum]

白点兰属

形态特征： 附生植物。茎向上，通常短于 3.0cm。叶近基生，椭圆形至线状长圆形，有时镰刀状，长 2.0—8.0cm，宽 0.7—1.5cm，先端急尖。总状花序，疏生 2—4 朵花；花苞片卵圆形，长 2.0—3.0mm；子房连花梗长 7.0—10.0mm；花奶黄色或淡黄色；中萼片椭圆形，侧萼片斜卵圆形，花瓣近长圆状匙形，唇瓣 3 裂，基部囊状，唇盘不具胼胝体，具一簇紫色毛；中裂片小，具短尖头；侧裂片直立，斜镰刀状长圆形。蕊柱长约 3.0mm。花期 6—7 月。

生长环境： 生于海拔 1100m 以下的林中树干上。

省内分布： 延平、建瓯、政和、永安、尤溪、德化、仙游、永泰、闽侯、罗源等地。

省外分布： 台湾省。

长轴白点兰

Thrixspermum saruwatarii (Hayata) Schltr.

白点兰属

形态特征：附生植物。茎向上，短于 2.0cm。叶近基生，长圆状镰刀形，长 4.0—12.0cm，宽 7.0—15.0mm，先端不等侧 2 裂。总状花序疏生 2—4 朵花；花苞片彼此疏离，呈螺旋状排列，宽卵状三角形；子房连花梗长约 1cm；花白色或黄色，直径约 1.6cm；中萼片椭圆形，侧萼片稍斜卵形，与中萼片近等大；花瓣狭椭圆形，唇瓣 3 裂，基部囊状；中裂片肉质，小，齿状；侧裂片直立，椭圆形；唇盘上具 1 枚密布金黄色毛的胼胝体；蕊柱长 3.0mm。花期 3—5 月。

生长环境：生于海拔 2100m 以下的溪边林中树干上。

省内分布：武夷山、连城等地。

省外分布：湖南、广东、台湾等地。

广东异型兰

Chiloschista guangdongensis Z. H. Tsi

异型兰属

形态特征： 附生植物。茎极短，具许多扁平、长而弯曲的根，无叶。总状花序 1—2 个，下垂，疏生数朵花；花序轴和花序柄长 1.5—6.0cm，粗约 1.0mm，密被硬毛；花苞片膜质，卵状披针形，先端急尖，无毛；花梗和子房密被茸毛；花黄色，无毛；中萼片卵形，先端圆形，具 5 条脉；侧萼片近椭圆形，与中萼片近等大，先端圆形，具 4 条脉；花瓣与中萼片近相似稍小，具 3 条脉；唇瓣 3 裂，以 1 个关节与蕊柱足末端连接；中裂片卵状三角形，先端圆形，上面在两侧裂片之间稍凹陷并且具 1 个海绵状球形的附属物；侧裂片半圆形，与中裂片近等大；蕊柱基部扩大，蕊柱足很短。花期 3—4 月。

生长环境： 生于海拔 600—900m 林中树干上。

省内分布： 三元、沙县、大田、连城、德化、闽侯、屏南等地。

省外分布： 广东省。

风兰

Vanda falcata (Thunb. ex A.murray) Beer　[*Neofinetia falcata* (Thunb. ex A.murray) H. H. Hu]

万代兰属

形态特征： 附生植物。植株高 8.0—10.0cm。茎长 1.0—4.0cm。叶片狭长圆状镰刀形，长 5.0—12.0cm，宽 0.7—1.0cm，基部具彼此套叠的"V"字形鞘。花序长约 1.0cm，具 2—3 朵花，花白色，芳香。花苞片卵状披针形，中萼片近倒卵形，侧萼片向前叉开，与中萼片相似，上半部向外弯，背面中肋近先端具龙骨状隆起；花瓣倒披针形，唇瓣肉质，3 裂；侧裂片长圆形，中裂片舌形，基部具 1 枚三角形的胼胝体，上面具 3 条稍隆起的脊突；距纤细，弧形弯曲，长 3.5—5.0cm，粗约 2.0mm；蕊柱长约 2.0mm，蕊柱翅在蕊柱上部扩大成三角形。花期 4 月。

生长环境： 生于海拔 1520m 的山地林中树干上。

省内分布： 武夷山市。

省外分布： 甘肃、浙江、江西、湖北、四川等地。

寄树兰　别名：小叶寄树兰

Robiquetia succisa (Lindl.) Seidenf. et Garay

寄树兰属

形态特征：附生植物。茎坚硬，圆柱形，下部节上具发达而分枝的根。叶 2 列，长圆形，长 6.0—9.2cm，宽 0.9—2.5cm，先端 2 裂，裂口边缘啮蚀状。圆锥花序与叶对生，常分枝，具多数花；花直径约 9.0mm；中萼片宽卵形，凹陷；侧萼片斜宽卵形，与中萼片近等大；花瓣较小，宽倒卵形；唇瓣 3 裂；中裂片狭长圆形，中央具 1 对合生的高脊突；侧裂片耳状，边缘稍波状；距长 3.0—4.0mm，中部缢缩而下部扩大成拳卷状；蕊柱长约 3.0mm。花期 6—9 月。

生长环境：生于海拔 300—1200m 的林缘树干、灌木上或林下岩石上。

省内分布：同安、平和、南靖、华安、安溪、德化、永春、洛江、永泰、闽侯、连江、晋安、蕉城、屏南等地。

省外分布：广东、广西、海南、云南等地。

短茎萼脊兰

Phalaenopsis subparishii (Z. H. Tsi) Kocyan & Schuit. [*Sedirea subparishii* (Z. H. Tsi) Christenson]

蝴蝶兰属

形态特征： 附生植物。茎长 1.0—2.0cm，具扁平、长而弯曲的根。叶近基生，长圆形或倒卵状披针形，长 5.5—19.0cm，宽 1.5—3.4cm，先端钝并且不等侧 2 浅裂，基部具关节和抱茎的鞘，具多数平行细脉，但仅中脉明显。总状花序长达 10.0cm，疏生数朵花；花苞片卵形，先端稍钝；花具香气，稍肉质，开展，黄绿色带淡褐色斑点；中萼片近长圆形，先端细尖而下弯，在背面中肋翅状；侧萼片相似于中萼片而较狭，在背面中肋翅状；花瓣近椭圆形，先端锐尖；唇瓣 3 裂，基部与蕊柱足末端结合而形成关节；侧裂片直立，半圆形，边缘稍具细齿；中裂片肉质，狭长圆形，在背面近先端处喙状突起，基部具 1 个两侧压扁的圆锥形胼胝体，上面从基部至先端具 1 条纵向的高褶片；距角状，长约 1.0cm，向前弯曲，向末端渐狭；蕊柱长约 1.0cm；蕊喙伸长，下弯，2 裂；裂片长条形，药帽前端收窄。花期 5 月。

生长环境： 生于海拔 600m 以上的林中树干或岩壁上。

省内分布： 延平、武夷山、顺昌、永安、将乐、尤溪、连城、闽侯、屏南、福安、柘荣等地。

省外分布： 广东、贵州、湖北、湖南、四川、浙江等地。

纤叶钗子股

Luisia morsei Rolfe

钗子股属

形态特征： 附生植物。茎圆柱形，直径 3.0—4.0mm。叶 2 列，肉质，圆柱形，长 5.0—9.0cm，直径 1.5—2.0mm。总状花序具 1—3 朵花，长 1.0—1.5cm；中萼片椭圆状长圆形，侧萼片与中萼片近相似，背面中脉近先端处呈翅状；花瓣稍斜的长圆形，唇瓣近卵状长圆形，近中部缢缩成前后唇；后唇稍凹，基部具耳；前唇先端凹缺，边缘具圆齿或波状，上面具数条有疣状突起的纵脊。花期 5—6 月。

生长环境： 生于海拔 200—500m 的山谷岩壁上或疏林中的树干上。

省内分布： 长乐、罗源、连江、寿宁、福鼎、霞浦等地。

省外分布： 湖北、浙江等地。

台湾盆距兰

Gastrochilus formosanus (Hayata) Hayata

盆距兰属

形态特征： 附生植物。茎常匍匐。叶绿色，常两面带紫红色斑点，2列互生，彼此疏离，长圆形或椭圆形，长1.0—2.5cm，宽3.0—6.0mm，先端急尖。总状花序缩短成伞状，具2朵花；花淡黄色带紫红色斑点；中萼片凹的，椭圆形；侧萼片斜长圆形，与中萼片近等大；花瓣倒卵形，较萼片稍小；前唇宽三角形或近半圆形，先端近截形或圆钝，中央具黄色垫状物且密布乳突状毛；后唇近杯状，上端的口缘截形且与前唇基部在同一水平面上；蕊柱长1.5mm。花期3—4月。

生长环境： 生于海拔950m以上的林中树干或岩壁上。

省内分布： 武夷山、政和、明溪等地。

省外分布： 湖北、陕西、台湾等地。

黄松盆距兰

Gastrochilus japonicus (Makino) Schltr.

盆距兰属

形态特征：附生植物。叶绿色，2 列紧密互生，长 3.5—4.2cm，宽 1.2—1.7cm，先端不等侧 2 裂，倒卵形或镰刀状长圆形。伞形花序，具 3—4 朵花，花序柄长约 1.0cm，基部具 2 枚鞘；苞片卵状三角形，中萼片长约 7.0mm，宽约 3.0mm；侧萼片与中萼片近等长，较狭；花瓣长约 5.0mm，宽约 2.0mm；前唇白色，长 3.0—4.0mm，宽约 8.0mm，边缘啮蚀状，上面具黄色垫状物，垫状物上具细乳突，无毛；后唇白色，上端口边缘多少向前斜截，近帽状；蕊柱短，白色带紫色斑纹。花期 8 月。

生长环境：生于海拔 700m 以上的溪边林中树干上。

省内分布：顺昌、沙县、屏南等地。

省外分布：台湾省。

短距槽舌兰

Holcoglossum flavescens (Schltr.) Z. H. Tsi

槽舌兰属

形态特征： 附生植物。茎长 1.0—2.0cm，具数枚近基生的叶。叶半圆柱形或多少"V"字形对折，肉质，斜立而外弯，先端锐尖。总状花序 1—2 个，短于叶，具 1—3 朵花；花苞片宽卵形，稍外折；花白色；中萼片卵形，先端钝，基部稍收狭；侧萼片斜卵形，与中萼片近等大；花瓣与中萼片相似较小；唇瓣 3 裂，白色，基部具 2—3 条褶片；中裂片卵形，边缘稍波状，基部具 1 个宽卵状三角形的黄色胼胝体；侧裂片卵状三角形，内面具红色条纹，先端钝；距角状，长约 7.0mm，向前弯，末端钝；蕊柱具长约 2.0mm 的蕊柱足。花期 5—6 月。

生长环境： 生于海拔 750m 以上的林中树干上。

省内分布： 建阳、武夷山、浦城、光泽、德化等地。

省外分布： 湖北、四川、云南等地。

短距槽舌兰

Holcoglossum flavescens (Schltr.) Z. H. Tsi

葱叶兰

Microtis unifolia (Forst.) Rchb. f.

葱叶兰属

形态特征： 地生植物。块茎较小，近椭圆形，茎长 15.0—30.0cm。叶 1 枚，生于茎下部，近直立，叶片圆筒状，近轴面具 1 纵槽，长 16.0—33.0cm，宽 2.0—3.0mm，下部约 1/5 抱茎。总状花序长 2.5—5.0cm，通常具 10 余朵花；花苞片狭卵状披针形，花淡绿色；中萼片宽椭圆形，先端钝，多少兜状，直立；侧萼片近长圆形或狭椭圆形，花瓣狭长圆形，先端钝；唇瓣近狭椭圆形舌状，稍肉质，无距，近基部两侧各有 1 个胼胝体；蕊柱极短，顶端有 2 个耳状物。蒴果椭圆形。花果期 4—5 月或 8—9 月（台湾）。

生长环境： 生于海拔 50—750m 的草坡上或阳光充足的草地上。

省内分布： 云霄、闽侯、长乐、鼓楼、霞浦等地。

省外分布： 浙江、江西、安徽、湖南、广东、广西、四川、台湾等地。

中文名索引

拉丁学名索引

参考文献

郎楷永，陈心启，罗毅波，等 .1999. 中国植物志：第 17 卷 [M]. 北京：科学出版社 .

陈心启，吉占和，郎楷永，等 .1999. 中国植物志：第 18 卷 [M] . 北京：科学出版社 .

吉占和，陈心启，罗毅波，等 .1999. 中国植物志：第 19 卷 [M] . 北京：科学出版社 .

陈炳华，林爱英，苏享修，等 .2014. 福建兰科 2 新记录属 [J]. 西北植物学报 ,34(6):1288-1290.

陈炳华，苏享修，李建民，等 .2014. 福建省兰科植物新记录 9 种 [J]. 福建师范大学学报：自然科学版 ,30(5):85-90.

陈炳华，黄泽豪，林青青 .2016. 福建省 4 种兰科植物分布新记录 [J]. 植物资源与环境学报 , 25(4):113-115.

陈炳华，孙丽娟，卢亚红，等 .2019. 福建省野生兰科植物分布新记录 8 种 [J]. 植物资源与环境学报 ,28(4):113-115.

陈恒彬，陈丽云 .1995. 兰科 [M]// 林来官，张永田 . 福建植物志：第 6 卷 . 福州：福建科学技术出版社 ,594-680.

胡明芳，黎维英，刘江枫，等 .2010. 福建兰科新记录属——叉柱兰属 [J]. 福建林业科技 ,37(3): 106-107.

李明河，陈世品，兰思仁，等 .2013. 福建兰科一新记录种——齿爪齿唇兰 [J]. 福建农林大学学报：自然科学版 ,42(6):600-602.

刘江枫，兰思仁，彭东辉，等 .2016. 福建兰科一新记录属——矮柱兰属 [J]. 森林与环境学报 ,36(4):486-487.

林海伦，李修鹏，章建红，等 .2014. 中国兰科植物 1 新种 [J]. 浙江农林大学学报 ,31(6):847-849.

兰思仁，刘江枫，彭东辉，等 .2016. 福建野生兰科植物 [M]. 北京：中国林业出版社 .

马良，陈新艳，黄元贞，等 .2019. 福建野生兰科植物分布新记录 3 属 3 种 . 植物资源与环境学报 . 28(2):118-120.

马良，陈新艳，苏享修，等 .2020. 福建 3 种兰科植物新记录 [J]. 福建农林大学学报：自然科学版 ,49(2):192-184.

马良，陈新艳，林丽妹，等 .2021. 福建省兰科植物新资料 [J]. 福建农林大学学报：自然科学版 ,50(1):49-53.

张晓俊，郑丽香，范世明，等 .2018. 福建省兰科植物 2 种新记录 . 亚热带植物科学 ,47(3):269-272.

游水生，彭东辉，胡明芳，等 .2009. 福建兰科一新记录属——兜兰属 [J]. 热带亚热带植物学报 ,17(3): 292-294.

金效华，李剑武，叶德平 .2019. 中国野生兰科植物原色图鉴 (上下册)[M]. 郑州：河南科学技术出版社 .

CHEN B H, JIN X H. 2016. *Platanthera fujianense* (Orchidaceae, Orchideae), a putatively holomycotrophic orchid from eastern China[J]. Phytotaxa, 286 (2): 116–120.

CHEN B H, JIN X H.2021. *Neottia wuyishanensis* (Orchidaceae: Neottieae), a new species from Fujian, China[J]. Plant Diversity,43(5):426–431.

CHEN S C, JEFFREY J. Wood. 2009.Orchidaceae[M]// WU Z Y, PETER H R, HONG D Y. Flora of China. Beijing:

Science Press and St. Louis: Misouri Botanical Garden Press.

LI D M, LIU C D.2007. *Gastrodia wuyishanensis*, a new species of Orchidaceae from Fujian, China[J]. Novon, 17 (3): 124–127.

EFIMOV PETR.2013. *Platanthera whangshanensis* (S.S. Chien) Efimov, a forgotten orchid of the Chinese flora[J]. Taiwania, 58 (3): 189–193.

LI M H,YUAN X Y,LIU D K, et al. 2017.*Bulbophyllum yunxiaoense* sp. nov. (Orchidaceae: Epidendroideae: Malaxideae) from Fujian, China: Morphological and molecular analyses[J]. Phytotaxa, 332 (1): 59–66.

LIU J F, LAN S R, HE B Z, et al.2016. *Bulbophyllum pingnanense* (Orchidaceae, Epidendroideae, Dendrobiinae), a new species from Fujian, China[J]. PhytoKeys,65: 107–112.

TANG,Y, ZHU X X, PENG H, et al.2016. *Hemipilia galeata* (Orchideae, Orchidaceae), a new species from Fujian province, southeastern China[J]. Phytotaxa, 245 (4): 271–280.

MA L,CHEN X Y, LIU J F, et al.2019. *Gastrodia fujianensis* (Orchidaceae, Epidendroideae, Gastrodieae), a new species from China[J]. Phytotaxa, 391 (4): 269–272.

ZHANG M, ZHANG X H, GE C L, et al. 2022. *Danxiaorchis mangdangshanensis* (Orchidaceae, Epidendroideae), a new species from central Fujian Province based on morphological and genomic data[J]. PhytoKeys, 212: 37–55.

后记

　　兰科（Orchidaceae）植物广泛分布于各种陆地生态系统中，具有重要的观赏、药用和科研等价值。作为重要的生物资源，所有的兰科植物均被列入《濒危野生动植物物种国际贸易公约》（CITES）的监管范围，是植物保护中的"旗舰"类群。2021年9月公布的《国家重点保护野生植物名录》中，野生兰科植物有29种和8类被列入，福建省涉及的野生兰有28种。

　　2011年以来，在福建省林业局等单位的支持下，福建省组织开展了兰科植物资源的调查工作。在此期间，发现并发表了福建舌唇兰（*Platanthera fujianensis*）、武夷山对叶兰（*Neottia wuyishanensis*）、茫荡山丹霞兰（*Danxiaorchis mangdangshanensis*）等3个新种，以及45个兰科福建新记录种。由于特化的形态结构，兰科植物是分类学研究的疑难类群之一，编写本书的目的是让更多的人了解和保护福建的野生兰。

　　福建野生兰科植物分布范围虽广，但由于对生境要求特殊，大多数野生兰的种群数量稀少。部分稀有种，分布范围尤为狭窄，如果不是长期的跟踪考察，很难被发现。又有些种类由于植株过于矮小，即便亲临实地，如果不是花期，也很可能会错过。

　　在十余载漫长的科学考察岁月里，很高兴结识了一群志同道合且热爱植物的朋友，他们来自各行各业，大家秉持同一凤愿，热爱自然，探索未知。寻兰的故事有很多，无法一一道来，这里分享3种野生兰的发现过程。

　　多花脆兰（*Acampe rigida*）生长于低海拔、干旱的巨石缝间，周边有一些榕属植物和台湾相思等，但未见其他兰科植物与之伴生。一般情况下不会到这种生境考察。卢瑞祥巡山时，偶然经过那片巨石峡谷遇见了它，并分享朋友圈。由此，编者拍到了多花脆兰的花和果，了却了多年的心愿。

　　"特殊的生境孕育特别的兰。"只有花期，才能觅见。密花舌唇兰（*Platanthera hologlottis*）的发现是最好的诠释。据志书上记载，它主要分布于我国东北及俄罗斯远东地区，但《福建植物志》有收录，描述的分布点在南平。2022年6月，它在海拔1000m左右的沼泽地被发现，其花萼和花瓣均为白色，排列成总状花序，在绿色的野草丛中格外显眼，并有小朱兰（*Pogonia minor*）、十字兰（*Habenaria schindleri*）等与之伴生。密花舌唇兰因其唇瓣和距与同属植物相近而得以定种，它的发现再次验证了老一辈植物分类学家治学之严谨。

又有些野生兰，因其小而长期被"忽略"，譬如蛤兰（*Conchidium sinica*），又名小毛兰。2011 年 10 月，在南靖船场镇首次被发现，经持续跟踪，它已经从福建新记录种变为常见种。如今，在海拔 500—1000m 的岩壁上，只要我们多加留意，常会发现蛤兰的身影；范围从闽东连续分布到闽南山区，在不少分布点甚至集群成片生长，颇为壮观。

大多数兰花由于形态高度特化，只有在特殊的生境，具备特定的访花昆虫等条件时才能生存繁衍。因此，保护野生兰应以原生境保护为主，建立自然保护区并长期监测。

福建野生兰种类较为丰富，生态型齐全，从濒危程度上，单属种较多，亟待保护。

保护野生兰，首先要认识它，了解它。本书较为全面地收录福建境内野生兰科植物 201 种（含变种），隶属于 86 属，每个物种均有简要的特征描述，并附有 1—3 张彩色照片。书中采用的彩色照片多达 517 幅，大多数是陈炳华同志在近 10 年的野外考察过程中所拍，其中有部分物种为省内首次拍摄，如阿里山全唇兰（*Myrmechis drymoglossifolia*）、莲座叶斑叶兰（*Goodyera brachystegia*）、三蕊兰（*Neuwiedia singapureana*）等。部分照片由金效华等 30 位同志提供，谨此对他们表示诚挚的谢意！

由于编者水平有限，书中难免有错误或不足。书稿既成，但关注野生兰的初心不变，仍将持续。随着野外调查工作的持续开展，期待更多的新种和新记录属、种在省内被发现。

编 者

2022 年 7 月于福建师范大学